写给设计师的书

TO DESIGNER

C=15 M=5 Y=5 K=0
C=20 M=100 Y=100 K=0
C=70 M=15 Y=0 K=0
C=0 M=10 Y=55 K=0
C=25 M=35 Y=0 K=0

服装与服饰

设计手册

李 芳 编著

清华大学出版社

北 京

内 容 简 介

　　这是一本全面介绍服装与服饰设计的图书，特点是知识易懂、案例趣味、动手实践、发散思维。

　　全书从学习服装与服饰设计的基础知识入手，循序渐进地为读者呈现一个个精彩实用的知识和技巧。本书共分为 7 章，内容分别为服装设计的概念、服装与服饰色彩设计的基础知识、服装与服饰设计的基础色、服装与服饰的面料材质、服装与服饰的风格、服装与服饰类型、服装与服饰的配色设计秘籍。并且在多个章节中安排了设计理念、色彩点评、设计技巧、配色方案、佳作赏析等经典模块，在丰富本书内容的同时，也增强了实用性。

　　本书内容丰富、案例精彩、版式设计新颖，不仅适合服装设计师、初级读者学习使用，还可以作为大中专院校服装设计专业及服装设计培训机构的教材，也非常适合喜爱服装与服饰设计的读者朋友作为参考。

图书在版编目 (CIP) 数据

服装与服饰设计手册 / 李芳编著 . —北京：清华大学出版社，2020.7
（写给设计师的书）
ISBN 978-7-302-55436-3

Ⅰ . ①服…　Ⅱ . ①李…　Ⅲ . ①服装设计－手册②服饰－设计－手册　Ⅳ . ① TS941.2-62

中国版本图书馆 CIP 数据核字 (2020) 第 082348 号

责任编辑：韩宜波
封面设计：杨玉兰
责任校对：李玉茹
责任印制：宋　林

出版发行：清华大学出版社
　　　　网　　　址：http://www.tup.com.cn, http://www.wqbook.com
　　　　地　　　址：北京清华大学学研大厦 A 座　　　　邮　　编：100084
　　　　社 总 机：010-62770175　　　　　　　　　　邮　　购：010-62786544
　　　　投稿与读者服务：010-62776969, c-service@tup.tsinghua.edu.cn
　　　　质量反馈：010-62772015, zhiliang@tup.tsinghua.edu.cn
印 装 者：涿州汇美亿浓印刷有限公司
经　　销：全国新华书店
开　　本：190mm×260mm　　　印　张：11.25　　　字　数：245 千字
版　　次：2020 年 7 月第 1 版　　印　次：2020 年 7 月第 1 次印刷
定　　价：69.80 元

产品编号：085149-01

前言
FOREWORD

本书是笔者对多年从事服装与服饰设计工作的总结,以让读者少走弯路寻找设计捷径为目的。书中包含了服装与服饰设计的基础知识及经典技巧。身处设计行业,你一定要知道,光说不练假把式,本书不仅有理论、精彩案例赏析,还有大量的模块启发你的大脑,提高你的设计能力。 希望读者看完本书后,不只会说"我看完了,挺好的,作品好看,分析也挺好的",这不是笔者编写本书的目的。希望读者会说"本书给我更多的是思路的启发,让我的思维更开阔,学会了举一反三,知识通过吸收消化变成了自己的",这才是笔者编写本书的初衷。

本书共分 7 章,具体安排如下。

第1章 服装设计的概念,介绍服装设计的前提条件、认识服装、服装中的形式美法则、服装的组成结构与专业术语。

第2章 服装与服饰色彩设计的基础知识,介绍色彩、色彩对比、色彩与面积、服装色彩与体型、服装色彩与肤色、服装色彩搭配的忌讳。

第3章 服装与服饰设计的基础色,从红、橙、黄、绿、青、蓝、紫、黑、白、灰10 种颜色,逐一分析讲解每种色彩在服装与服饰设计中的应用规律。

第4章 服装与服饰的面料材质,主要介绍 9 种不同的面料应用。

第5章 服装与服饰的风格,主要介绍 12 种不同的服装与服饰风格。

第6章 服装与服饰类型,主要介绍服装服饰类型,共 12 种。

第7章 服装与服饰的配色设计秘籍,精选 11 个设计秘籍,让读者轻松愉快地学习完最后的部分。本章也是对前面章节知识点的巩固和理解,需要读者动脑思考。

本书特色如下。

◎ 轻鉴赏，重实践。鉴赏类书籍只能看，看完自己还是设计不好，本书则不同，增加了多个色彩点评、配色方案模块，让读者边看、边学、边思考。

◎ 章节合理，易吸收。第1~3章主要讲解服装与服饰设计的基础知识，第4~6章介绍服装与服饰的面料材质、风格、类型等，第7章则以轻松的方式介绍11个设计秘籍。

◎ 设计师编写，写给设计师看。针对性强，而且知道读者的需求。

◎ 模块超丰富。设计理念、色彩点评、设计技巧、配色方案、佳作赏析在本书都能找到，一次满足读者的求知欲。

◎ 本书是系列图书中的一本。在本系列图书中读者不仅能系统地学习服装与服饰设计，而且还有更多的设计专业供读者选择。

希望通过本书对知识的归纳总结、趣味的模块讲解，能够打开读者的思路，避免一味地照搬书本内容，推动读者自行多做尝试、多理解，增强动脑、动手的能力；激发读者的学习兴趣，开启设计的大门，帮助你迈出第一步，圆你一个设计师的梦！

本书由李芳编著，其他参与编写的人员还有董辅川、王萍、孙晓军、杨宗香。

由于编者水平有限，书中难免存在疏漏和不妥之处，敬请广大读者批评和指正。

编　者

目录

第4章

P/69 CHAPTER4

服装与服饰的面料材质

第5章

P/97 CHAPTER5

服装与服饰的风格

第7章 CHAPTER7

P 161

服装与服饰的配色设计秘籍

第6章 CHAPTER6

P 134

服装与服饰类型

第 1 章

服装设计的概念

在设计服装与服饰之前，首先应考虑这件服装穿着的地点、场合和人物，其次考虑服装的造型、色彩、面料等，最后还要了解服装设计中的形式美法则。在本章将会学习这些内容。

1.1 服装设计的前提条件

在进行服装设计之前首先应该考虑几个问题，所要设计的服装是春夏装还是秋冬装？这件衣服是在办公场所穿着还是在家中穿着？要给什么样的人穿着，婴儿还是中年男子？不同的回答都对应着不同的设计方案。因此，在设计服装之前首先需要对性别、年龄、环境、季节等因素进行全方位的考量。综合来说就是在服装设计前需要弄清3个前提条件，即"时间""场合、环境""主体着装者"原则。

1.1.1 时间

时间是很宽泛的词语，如不同的季节选择不同的衣服，衣服的面料、材质、颜色都会有不同的要求。同时一些特别的时刻对服装设计还会提出特别的要求，如毕业典礼、结婚庆典等。右图为春夏穿着的服饰和秋冬穿着的服饰。

1.1.2 场合、环境

在生活中身处不同场合对服饰也有着不同的要求。例如，宴会穿着礼服才能展现宴会的庄重和高端，公司白领着装突显 OL 风格才能衬托出自己的职业属性等。一款优秀的服装设计必然是服装与环境的完美结合，即服装充分利用环境因素，在背景的衬托下才能更有魅力。因此，服装设计师在设计服装时要根据不同场合的礼仪和习俗的要求来设计。右图分别为日常休闲时的女性着装，以及参加宴会时的女性着装。

1.1.3　主体着装者

　　服装设计的最终目的是要穿着在人的身体上。但是人体千差万别，美感各有不同，服装造型的目的就是要彰显人体的美，弥补人体的不足。并且，在服装设计之初，应该最大限度地符合人体结构的特点和运动规律，使之穿着舒适、便于活动。下图分别为成年女性和成年男性穿着的服装。

1. 女性人体结构的特点

　　女性在生长过程中，身体的形态会发生很大的变化。到青春期后，胸部开始隆起，腰部纤细，臀部丰满。肩窄而斜，渐渐形成了女性形体特有的曲线美，但是少女体型扁平、瘦长，三围间距不是很明显；青年女性较为丰满，胸、腰、臀差较明显；中年女性肌肉开始松弛，胸部下垂，背部前倾，腹部脂肪堆积隆起，腰围、胸围加大。女性体态美感的形成主要体现在躯干和四肢形成的直线与肩、胸、腰、臀形成的曲线上。下图为不同年龄段的女性。

2. 男性人体结构的特点

男性的身体肌肉发达，肩膀宽厚，躯干平摊，腿比上身长，呈现倒三角形。男性年轻时躯干挺直，老年时躯干弯曲。男性还有胖瘦之分，体瘦的男子形态单薄，男性特征不明显；体胖男性因脂肪堆积而臃肿。此外，西方男性胸厚而宽，身材高大；东方男性胸薄而窄，背部扁平，身材略矮，如下图所示。

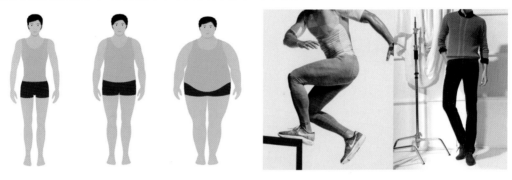

1.2 认识服装

服装造型的好与坏直接影响着服装的设计感和美感。服装的造型设计有很多种，有上宽下窄的 A 型，有上下等宽的 H 型，有上宽下窄的 V 型，还有中间窄的 X 型。

1.2.1 服装的造型

服装的造型是设计的重点，甚至可以说服装的外轮廓是一门视觉艺术，即通过裁剪与缝合，使布料呈现出雕塑一般的美感；或与人体紧密贴合，或独立于身体进行延伸或膨胀，服装的造型可谓千变万化。而且服装造型的分类方式也有很多种，如果按照字母法进行分类基本可以归纳为 A、H、V、X 四个基本类型，而这四种类型的特征都与各自字母的形态相似。下面我们逐一进行讲解。

1. A 型造型设计

A 型服装的特征主要是上装肩部合体，腰部宽松，下摆宽大。下装则腰部收紧，下摆扩大。在视觉上得到类似字母 A 上窄下宽的视觉效果。

H 型造型设计

H 型服装主要以肩膀为受力点,肩部到下摆成一条直线,款型显得十分简洁修长。

V 型造型设计

V 型服装的款式主要为上宽下窄,肩部设计较为夸张,下摆处则收紧,极具洒脱、干练的效果。

4. X型造型设计

X型服装款式的肩部通常会选择一定的造型，显得比较夸张，腰部收紧，下摆扩大。因此也被称为沙漏型，是一种能够很好展示女性躯体美的服装造型。

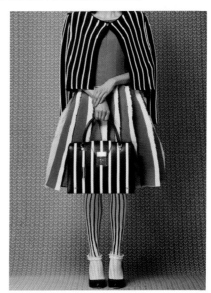

提示：服装造型法则。

服装设计是一门艺术，但是不能背离生活。它既要考虑服装的可穿性，还要考虑艺术性与审美性。因此，款式与造型设计也就成为服装设计的难点与突破点。

1. 几何造型法

几何造型法是利用简单的几何模块进行重新组合。例如，使用透明纸做成几套简单的几何形，如正方形、长方形、三角形、梯形、圆形、椭圆形等，把这些几何形放在相当比例的人体轮廓上进行排列组合，直到出现满意的轮廓为止。

2. 廓形移位法

廓形移位法是指同一主题的廓形用几种不同的构图、表现形式加以处理，展开想象，结合反映服装特征的部位，如颈、肩、胸、腰、臀、肘、踝等进行形态、比例、表现形式的诸多变化，从而获得全新的服装廓形，这种廓形设计法既可运用于单品设计，又可用于系列服装的廓形设计。

3. 直接造型法

直接造型法是将布料在模特身上直接进行造型，通过大头针进行别样的方法完成外轮廓的造型设计。这样的造型方法可以一边创作，一边修改。采用直接造型法的好处在于，可以创造较适体或较繁复的外轮廓造型的内部结构造型，还可以培养设计者良好的服装感觉。

1.2.2 服装的色彩

色彩在服装设计中占据很重要的位置，而在服装搭配时，最先了解的就是如何有效地运用色彩。例如，什么是色彩，不同色彩代表什么性格，不同的色彩对比会产生什么效果，色彩如何搭配才好看等。

1.2.3 服装的面料

服装的面料是进行整体服装设计的基础，可以分为主要面料和辅助面料。

在日常生活中，人们要出入各种场所。比如，出入工作场所，最好穿着面料硬挺、花样简洁的服装，显得整体干练笔挺；出入社交场所时，可以大胆使用适宜场合的服装面料与色彩。

服装的面料有很多种，有柔软飘逸的"雪纺"，有质感柔滑的"丝绸"，有轻薄性感的"蕾丝"，还有雅致舒适的"呢绒"。有飘逸轻盈的"薄纱"，有张扬帅气的"皮革"，有清新恬静的"麻织"，有洒脱个性的"牛仔"，有温暖甜美的"针织"。接下来将简单介绍一下。

 雪纺面料

雪纺面料的质地较为轻薄而稀疏，垂坠感很好，外观清淡雅洁，穿着舒适，适合制作夏季服饰。

2. 丝绸面料

丝绸面料质感柔顺、光滑，常给人以高贵、典雅的感觉。而且该面料飘逸感极强，是女性服饰常用的材料之一。

3. 蕾丝面料

蕾丝面料的质地轻薄通透，能够传递出优雅、性感的视觉效果。常运用在各种礼服、内衣等服装之上。

4. 呢绒面料

呢绒面料的质地厚重，手感温暖、柔和，通常用于秋冬季节穿着的服饰选料。但不适合应用于夏装的选料。

5. 薄纱面料

　　薄纱面料的质地较轻薄，能够打造出若隐若现的视觉效果，所以常被用来制作柔美飘逸的婚纱、礼服等。

6. 皮革面料

　　皮革面料手感平滑，富有光泽质感，给人以硬朗与强势的感觉，因其密度较高，保暖性能较好，所以很适合秋冬季节服装的设计。

7. 麻织面料

　　麻织面料手感粗硬，弹性差，其缩水率较大，所以不宜做紧身或运动装的设计，可做休闲服饰的面料选择。

牛仔面料

牛仔面料的可塑性极强，可用于一年四季的服装搭配设计，且牛仔能够和各种元素进行搭配。

 针织面料

针织面料质地柔软、延展性强，而且具有很好的弹性，可以应用于多种风格的服装搭配设计。针织类的服饰是春秋换季常穿的一种服装面料。

1.2.4 服装的图案

服装设计的魅力得益于以图案的多元化来增强艺术气息，成为人们追求个性美的一种特殊要求。图案元素越来越多地融入当代服装设计中，已成为服装风格的重要组成部分。

服装的图案有很多种，大概可分为"植物""动物""人物""风景""几何"等。接下来将简单介绍一下。

1. 植物图案

在服装设计中，植物图案的应用是最为广泛的。由于其本质给人一种秀美、婉约的美感，所以，在女性服装中植物的出现是最频繁的。而且服饰图案中的植物形象，其特点是极具灵活性和适用性。

2. 动物图案

在服饰中，动物图案的运用也比较常见，使用率仅次于植物，这是由动物图案的一些本质特征所决定的。首先，动物图案是一个机体的组合，不适合做任意的分解结合，所以缺乏灵活性。其次，动物的形态、特征在人们的印象中根深蒂固，并带有一定的情感倾向，所以动物图案的象征性比其他形象更为具体。

3. 人物图案

人物图案在服装设计中也较为常见，并且人物造型的手法十分多样，如简化、夸张、写实、组合等造型。人物形象在服饰图案中表现极为丰富多彩。

 4. 风景图案

风景图案在服装设计上应用并不多见，仅见于休闲服和一些展示服装上。由于甚所涵盖的内容较为繁复，在服装上作为一个特定的装饰对象不可能全都用上，所以在服饰设计中可以采用简练、概括、抽象的手法加以运用。

 5. 几何图案

几何图案在服装设计中最为常见，由于几何图形具有变幻万千的特点，将其运用在服装中可以突显穿着者的独特魅力。

1.2.5　服装的剪裁

剪裁是服装设计的基础知识。从制作服装的平面图开始直到裁剪衣料的过程统称为服装的剪裁。服装的剪裁大概可分为"平面裁剪"和"立体裁剪"两大类。且男女人体的躯干差异较为明显，应按照性别、款式等，采用不同的裁制方法，使服装穿着合身、美丽、舒适。

1.　平面裁剪

设计好的衣服在思路中具体化，然后以人体所测量的尺寸，绘制成平面设计展开图。其特点在于尺寸较为固定，操作性较强。

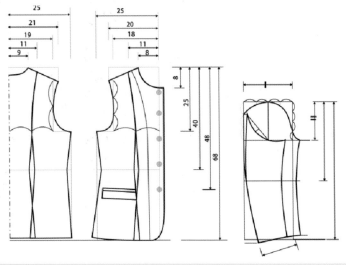

2.　立体裁剪

将试样布披挂在人体模型上进行直接剪裁和设计，其特点是有效地接近人体曲线造型，准确地把握裁剪和直观的美感。

1.3 服装中的形式美法则

每一件服装都像艺术品一样，都有它的灵魂。服装设计能够带给人美的感受，这种美感来源于服装设计中的形式美法则。在设计服装时，遵循这样的形式美法则，可以让设计作品更加完美。服装中的形式美法则包括比例、平衡、节奏、视错、强调、变换与统一。

1.3.1 比例

比例是指全体与部分、部分与部分之间长度或面积的数量关系，也就是通过大和小、长和短、轻和重所产生的平衡关系。当这个关系处于平衡状态时，就会产生美的效果。例如，裙长与整体服装长度的关系，贴袋装饰的面积大小与整件服装大小的对比关系等。对比的数值关系达到了美的统一和协调，被称为比例美。

1.3.2 平衡

两个以上的要素，相互取得均衡的状态叫作平衡。其表现为对称性平衡和非对称性平衡两种形式。对称性平衡给人一种安定的、平静的感觉；非对称性平衡给人一种不安、跳跃的感觉，这种平衡关系是以不失重心为原则的，追求静中有动、动中有静的非凡的艺术效果。

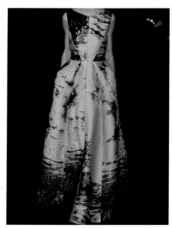

1.3.3 　节奏

　　节奏是用来描述音乐、舞蹈等时间性艺术体现的术语。在造型上是通过要素反复和排列来表现的。在服装设计中，通过点、线、面、体以一定的间隔、方向按规律排列，加上连续反复之运动也可以产生韵律。节奏变换可分为三种，第一种是当间隔较大的时候形成单调的节奏，第二种是间隔按照几何级数变换时就会产生很强的节奏，第三种是当变换更大的时候就会缺乏节奏感，会显得混乱。

1.3.4 　视错

　　对形态的判别是根据过去的认识和经验主观进行的，因此这种判断有时就和客观现实不相符，这在视觉上被称为"错觉"。在服装设计中，服装设计师一方面既要纠正错觉，另一方面又要利用错觉。如右图所示的连衣裙利用上下的黑色区域的"后退性"突出白色区域，产生"瘦身"效果。

1.3.5 　强调

　　要想与众不同，就要通过强调来引人注意。所谓强调是突出整体中最醒目的部分，它虽然面积不大，但却有"特异"效能，具有吸引人视觉的强大优势，能收到画龙点睛的功效。要想让服装起到强调的作用，可以采用多种方式，如利用材质、造型、颜色等。

1.3.6　变换与统一

　　"变换与统一"是构成服装形式美诸多法则中最基本、也是最重要的一条法则。"变换"是指相异的各种要素组合在一起时形成了一种明显的对比和差异的感觉，"统一"就是形成有秩序的美感。变换和统一虽然都是美的要素，但要恰当地运用，就是在统一中追求变换，在变换中追求统一。在服装设计中既要追求款式、色彩的变化多端，又要防止各因素杂乱堆积、缺乏统一性。例如，人物裙摆呈现不规则的剪裁，这就是"变换"，但是图案却是一样的，这就是"统一"；人物的服装上的装饰图案都是几何图形这就是"统一"，但是几何图形的排列却以不规则的方式进行设计这就是"变换"。

1.4　服装的组成结构与专业术语

　　服装设计分析图可以体现出服装轮廓设计思路，并与轮廓形态相吻合。通过服装设计结构图与成品的对比，将服装整体设计组成结构分解成独立的步骤，就是正确的结构组成方法。而且精致的剪裁缝制工艺，是服装设计组成结构成功的关键所在。

1.4.1　组成结构

由于采用的剪裁方法和实践经验相异，不同的设计师对同一款式服装会得出互有差异的结构图，虽然他们可以做到不缺少一个部件，但是其服装品位各有不同。

服装组成结构大致可分为上衣和下衣。若要细分，上衣又可分为多个组成部分，如衣领、袖子、口袋、腰头等。因此不同的服装，组成的结构有所不同。

1.4.2　专业术语

大部分学科或专业都有自己的概念和术语。如同制图符号一样，服装设计专业术语也是一种语言，一种在服装行业经常使用和交流的语言。而专业术语不仅有利于提高学习和工作效率，且便于行业人士之间的交流。

1. 服装款式

服装款式是指服装的式样，常指样式因素，是造型要素中的一种。

 2. 服装造型

服装造型是指由服装造型要素构成的总体服装艺术效果。造型有款式、配色与面料三大要素。

 3. 服装轮廓

服装轮廓是指服装的剪裁所呈现的效果。它是服装款式的第一视觉要素。

 4. 款式设计图

款式设计图是指体现服装款式造型的平面图。款式设计图是服装设计师必须掌握的基本技能，也是表达服装样式的基本方法。

 5. 服装效果图

服装效果图是指服装设计完成后，将其穿在人的身上，并进行展示的效果图。

第2章 服装与服饰色彩设计的基础知识

　　色彩是服装和服饰设计中的重要组成部分，色彩可以改变服装和服饰的整体风格和不同面料的多种质感，而充分掌握色彩明暗对比，以及合理调和，能够使服装色彩与服装整体造型设计和谐、统一地融为一体。

　　服装和服饰的色彩搭配要以和谐的视觉效果为目的，有时太过一致的色彩搭配会显得单调乏味；而色彩过于缤纷又会给人以杂乱无章的感觉。因此在设计时，要根据具体情况具体分析用色。

2.1 服装与服饰中的色彩

在服装与服饰的色彩设计当中，色彩对于整体的服饰画面具有较强的影响力，合理的色彩搭配能够充分吸引观者的注意力。它可以左右观者的情感，还可以改变整个服装的风格。

2.1.1 色相、明度、纯度

色彩是吸引视线的关键所在，也是设计表现形式的重点。色彩的三大属性为色相、明度和纯度。

色相

色相是指颜色的基本相貌，是色彩的首要特性。例如，红色可分为鲜红、粉红等，蓝色可分为湖蓝、蔚蓝等。

明度

明度是指色彩的明暗程度，色彩的明度越高，色彩就越明亮；反之，色彩的明度越低，色彩就越暗。

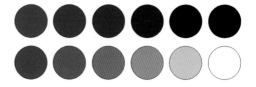

纯度

纯度是色彩的饱和程度，不同纯度的色彩，在色彩搭配上具有强调主题和意想不到的视觉效果。

高纯度　　中纯度　　低纯度

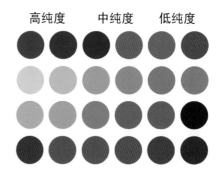

2.1.2　主色、辅助色、点缀色

主色、辅助色、点缀色是服装设计中不可缺少的构成元素，主色决定着服装设计中的主基调，而辅助色和点缀色都将围绕主色展开设计。

主色

在服装占据面积比例较大的颜色为主色，具有主导作用。在整体造型设计中是不可忽视的色彩表现。

辅助色

在服装和服饰设计中，辅助色起到辅助与衬托的作用，通常不会占据整体造型的较多面积。 最主要的作用就是与主色相搭配，可以使整体造型更加生动。

点缀色

点缀色在服装搭配中占据较小的面积。合理地应用点缀色，可以丰富整体造型的细节，具有画龙点睛的作用。

2.2 色彩对比

当两种或两种以上的颜色搭配在一起时，由于色彩之间相互影响的关系，从而产生的差别现象就是色彩对比。

◆ 在面对不同的颜色时，通常人们会自然地产生冷暖、前后、明暗等不同的心理效应。

◆ 在两种或两种以上的色彩并存时，色彩之间就会形成无声的对比效果。

◆ 在服装和服饰设计时，选用的色彩之间差异越大，对比效果则越强；反之，对比效果则越弱。

◆ 相对于一种主色，剩下的其他颜色就是主色的环境色。

◆ 各种色彩之间的色相、明度、纯度等产生的生理及心理的差别就构成了色彩之间的对比。

◆ 不同的色彩之间相互依存、搭配、融合的过程能够使整体设计更加完善、具体，同时能够丰富整体服装设计的内涵、细节。

色彩的面积设计与色彩的对比紧密相关，在一定程度上来说面积是色彩不可或缺的一个特征，色彩的面积决定着服装色彩视觉感的变化，具有一定的主导作用。

◆ 当强弱不同的色彩并置在一起的时候，若想看到较为均衡的画面效果，可以通过调整色彩的面积大小来达到目的。

◆ 面积的大小能够对人的视觉产生一定的影响，很容易吸引人的注意力。

◆ 在服装和服饰的色彩设计中，可以按照黄金分割比例（1 ： 1.618）来进行色彩面积的规划，这个面积比是较为和谐、稳定的面积比例。

◆ 如今，较为流行的服饰穿搭是反差较大的面积对比，就是把整体造型的配色面积比例拉大，在视觉上色彩基调较为明显，从而产生新颖、醒目的视觉效果。

2.4 服装色彩与体型

　　服装的色彩很大程度上是选择衣服的标准，合理妥善的服装色彩搭配，既能根据穿着者的不同身形起到很好的调整作用，又能根据不同颜色的搭配展现出穿着者不同的性格特征。下面就来简单地介绍一下服装色彩与体型的搭配方法。

 ## 体型肥胖者

◆ 宜穿深色调服饰，因为冷色调和明度低的色彩给人造成收缩的视觉感，起到显瘦作用，如墨绿、深蓝、深黑等深色系列。

◆ 线条宜简洁，少用繁杂的设计。例如，竖条纹服装就会获得显瘦效果。

◆ 尽量不要堆积元素做装饰，太烦琐的设计，会给人很累赘、很胖的视觉感受。

◆ 尽量不要大面积用印花做装饰，大面积印花会让微胖者显得更加膨胀。但可以小面积使用，起到点亮整体造型的作用。

◆ 尽量不要用亮面材质做面料，如皮革、亮片材质等，这些面料自带膨胀感，会在视觉上有扩大的效果，会显得穿着者更加肥胖。

体型瘦小者

◆ 宜穿暖色调的服饰，因为暖色和明度高的色彩在视觉上可以获得膨胀的效果，如红色、黄色、橙色等暖色系列。

◆ 宜选择宽松的衣服穿着，略微宽松的衣服，不会显得那么瘦。例如，腿部较瘦的人，不要选择紧身裤，可以选择麻袋裤、阔腿裤等。

◆ 利用繁杂的元素做装饰，在视觉上具有向外扩散的视觉效果。

◆ 选择亮面材质做面料，如皮革、亮片材质等，这些面料自带膨胀感，在视觉上会有扩大的效果。

体型适中者

◆ 体型较好的人，在穿衣搭配上，可以不用有所顾忌，选择适合自己身材的服饰，就能充分展现出自身的魅力。

◆ 在选择配饰时，可以根据服饰来进行合理的搭配，但无论如何搭配都应呈现出服装整体造型的和谐、统一。

2.5 服装色彩与肤色

　　肤色在服装色彩设计上是主基调，对服装搭配起着决定性的作用。而人们的肤色存在着很大的差异，要掩饰人的肤色缺点，色彩就是第一重要的因素。

　　应根据不同的肤色进行服装色彩的选择。服色与肤色的默契配合能够产生和谐的美学效果，而且服装色彩对人体肤色能够起到美化的作用。

肤色偏白者

◆ 肤色较为白皙，可以选择的服装种类有很多，暖色调的服装可以展现出温柔、甜美的视觉效果，而冷色调的服装可以展现出高冷、典雅的视觉效果。

◆ 肤色白皙的人，可以选择淡橙红、柠檬黄、苹果绿、紫红、天蓝等色彩明亮、纯度偏高的色彩组合。

肤色偏黄者

◆ 黄皮肤是东方人的代表肤色，在服装搭配上应避免采用强烈的黄色系和灰色系，最适合明度适中的酒红、墨绿等色彩，这些色彩能令面容显得更白皙。

◆ 在穿衣搭配时，黄皮肤穿蓝色衣服更显白皙，还能衬托气质。

肤色偏黑者

◆ 黑色皮肤的人通常不宜选择深暗色调，最好与明快、洁净的色彩相配。

◆ 如果颜色的纯度保持为中等，就适宜搭配白色或亮灰色服装配饰，这样可以突显穿着者更加健康、有活力。

◆ 要避免紫色、黑色及深重的颜色。

2.6 服装色彩搭配的忌讳

人们在理解颜色的时候一般以眼见为主，所以在一套成功的服装造型搭配中，色彩占据着主要地位。如果服装选用的颜色太多会给人一种凌乱、没有主体的感觉。虽然色彩斑斓的颜色更容易吸引人的注意力，但是真正能给人留下深刻印象的画面则是那些颜色搭配合理的画面。

◆ 服装色彩搭配忌讳全身色彩过多，在设计时要先确定主基调。

◆ 根据主基调来选择其他颜色，但不应超过三种以上。主要色彩应占较大的面积，相同的色彩可在不同部位出现。

◆ 过多的彩色元素装饰也是服装色彩搭配的忌讳之一，服装色彩搭配要秉承和谐与对比的差异原则。而色彩过于缤纷易产生杂乱无章的感觉。

◆ 色彩搭配同样忌讳反季节配色，要在不同季节设计适宜的服装配色搭配方案。

◆ 服装色彩搭配忌讳两种亮色面料的拼接和结合，太过重叠烦琐的元素组合在一起，在视觉上会让人产生一定的刺眼、烦躁之感，合理的明暗色彩对比会为服装增添独特的美感。

◆ 服装色彩搭配同样忌讳多种深色调的搭配，虽然暗色能够起到收缩的作用，但过多的暗色搭配，会让人感觉压抑、沉闷。

第3章 服装与服饰设计的基础色

色彩是服装与服饰设计的基础构成元素，主要可分为红、橙、黄、绿、青、蓝、紫加上黑、白、灰。每一种色彩都自带不同的情感和特点。有些色彩会给人一种热情、活力、清新的视觉感受，而有些色彩则会给人一种强硬、沉闷、科幻的视觉感受。

特点

◆ 红色是所有色彩中最为醒目的颜色，能够给人带来热烈、激情的感觉。

◆ 绿色则是春天的代表色，传达出一种清新、自然之感。

◆ 蓝色是男性服饰的常用色彩，给人带来冷静、帅气的感觉。

◆ 紫色是大多数高端服饰中常用的色彩，能够充分展现出一种奢华的时尚之感。

3.1 红

3.1.1 认识红色

红色：璀璨夺目，象征幸福，是一种很容易引起人们关注的颜色。在色相、明度、纯度等不同的环境中，其传递出的信息与表达出的意义也不完全相同。

色彩情感：祥和、吉庆、张扬、热烈、热闹、热情、奔放、激情、豪情、浮躁、危害、可骇、警惕、间歇。

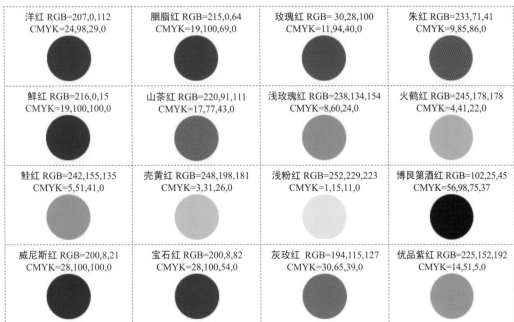

洋红 RGB=207,0,112 CMYK=24,98,29,0	胭脂红 RGB=215,0,64 CMYK=19,100,69,0	玫瑰红 RGB=30,28,100 CMYK=11,94,40,0	朱红 RGB=233,71,41 CMYK=9,85,86,0
鲜红 RGB=216,0,15 CMYK=19,100,100,0	山茶红 RGB=220,91,111 CMYK=17,77,43,0	浅玫瑰红 RGB=238,134,154 CMYK=8,60,24,0	火鹤红 RGB=245,178,178 CMYK=4,41,22,0
鲑红 RGB=242,155,135 CMYK=5,51,41,0	壳黄红 RGB=248,198,181 CMYK=3,31,26,0	浅粉红 RGB=252,229,223 CMYK=1,15,11,0	博艮第酒红 RGB=102,25,45 CMYK=56,98,75,37
威尼斯红 RGB=200,8,21 CMYK=28,100,100,0	宝石红 RGB=200,8,82 CMYK=28,100,54,0	灰玫红 RGB=194,115,127 CMYK=30,65,39,0	优品紫红 RGB=225,152,192 CMYK=14,51,5,0

第 3 章 服装与服饰设计的基础色

3.1.2 　洋红 & 胭脂红

❶ 服装采用缎面的材质，加上 H 型的廓形设计和无袖设计，掩盖住身体小缺陷的同时可以展现出修长、舒适的穿着特点。适合手臂纤细的女士穿着。

❷ 在服装的一侧设计一朵巨大的缎花，在简约的设计基础上，可以增添独特的艺术美感。

❸ 洋红色是较为女性化的色彩，介于红色和紫色之间，给人一种个性、纯情的感觉。

❶ 服装采用了简单的宽腰带收腰和包臀裙的款式设计而成，充分表现出女性的多样性、性感、自立、坚强。适合身材姣好的女性着装。

❷ 胭脂红色的连衣裙与黄色披肩短发搭配和谐，更添柔美气息。

❸ 胭脂红也是女性代表色之一，是纯度较低的红色，给人以优美、典雅的视觉感受。

3.1.3 　玫瑰红 & 朱红

❶ 整体服装由一件白色的短 T 恤搭配一件不规则的半身裙设计而成，独特的剪裁设计，尽显女性的曲线美。

❷ 玫瑰红色的半身裙，搭配白色上衣、黑色鞋子，整体搭配极具时尚、前卫气息。

❸ 玫瑰红色的饱和度较高，在华丽的基础上增添了青春活力感。

❶ 服装款式采用 V 领连体设计而成，A 字形的廓形设计，适合上身瘦下身胖的女性着装，可充分展现出活泼、潇洒的特点。

❷ 腰间系着细腰带，脚踩平底鞋，展现女性完美曲线的同时给人舒适、放松之感。

❸ 朱红色是明度较高的红色，给人一种明朗、活力的感觉。

3.1.4 鲜红 & 山茶红

❶ 服装款式定义为都市女性，在正装的基础上，设计些许白色抽绳点缀，极具创意感。

❷ 鲜红色的正装更适合中青年女性，给人干练、朝气蓬勃的印象。

❸ 鲜红色是较为醒目的红色，无论与什么颜色搭配，都较为抢眼，容易引人关注。

❶ 服装以超长的喇叭袖为特色设计，加以修身的剪裁，整体服装极具层次感。

❷ 高领、长袖设计，非常适合女性在春秋季节穿着。

❸ 山茶红色是较为轻熟的颜色，给人一种优雅、娇美的视觉感。

3.1.5 浅玫瑰红 & 火鹤红

❶ 该套服装的上衣极具层次感的透气设计，可以让穿着者在运动时感到清凉、舒适。而下身采用长裤，更方便运动。

❷ 简约的设计，可以让穿着者在运动时不用顾忌衣服的繁杂，专心运动。

❸ 浅玫瑰红色是较为淡雅的红色，给人一种干净、放松的视觉感受。

❶ 整套服装以轻松、休闲为设计理念，褶皱分开的宽腿裤设计加上印花上衣，适合年轻女性在夏季穿着。

❷ 火鹤红色的裤子在印花上衣的衬托下，更具轻柔、娇美之感。

❸ 火鹤红色的饱和度较低，给人一种温馨、甜美的视觉感。

3.1.6 鲑红 & 壳黄红

❶ 服装材质采用鲑红色的丝缎面料设计而成，腰间扭曲的褶皱设计，极具创意感。

❷ 半遮肩的剪裁设计，适合手臂较粗的女生穿着。

❸ 鲑红色是一种较为干净、清新的红色，非常适合夏季穿着。

❶ 这款手包以简约、大方的裁剪方式设计而成，在边缘位置设计着标志，极具独特气息。

❷ 壳黄红色的手包，具有百搭性，无论搭配什么颜色的服装都很合适。

❸ 壳黄红色是较为温和的红色，常给人温和、舒适的感觉。

3.1.7 浅粉红 & 博艮第酒红

❶ 服装款式定义为都市女性，而整套的西装，突显干练的同时透露出一丝典雅和优雅的气息。

❷ 浅蓝色调的内搭，整体造型仙气十足，富有少女气息。

❸ 浅粉红色的纯度较低，给人一种梦幻、舒爽的视觉感受。

❶ 该手包以方正的廓形设计而成，大容量为特点，极具舒适、放松之感。

❷ 博艮第酒红色的手提包，是较为百搭的单品之一，无论搭配白色服装，还是其他色彩的服装，都是较为突出的饰品。

❸ 博艮第酒红色是一种暗红色，给人一种浓郁、魅惑的视觉感。

3.1.8　威尼斯红 & 宝石红

❶ 服装以透明的蕾丝长裙搭配一字肩的外套
而成，极具魅惑、性感气息。

❷ 若隐若现的蕾丝，衬托出女性修长的腿部
线条，一字肩的设计，露出性感的锁骨，
整体设计给人一种飘飘欲仙的视觉感受。

❸ 威尼斯红色的明度较高，传达出一种热情、
奔放的视觉气息。

❶ 服装以 H 型的廓形设计而成，加以镂空的
设计，极具性感、妩媚气息。

❷ 将袖口设计成喇叭袖，在衣襟上点缀些许
花朵，具有一种柔美的女性气息。

❸ 宝石红色的明度和纯度都比较高，给人一
种亮丽、时尚的视觉感受。

3.1.9　灰玫红 & 优品紫红

❶ 这是一套休闲的运动套装，上衣采用 V 领
露腰的剪裁设计，能够露出穿着者性感的
腰部线条。

❷ 服装只采用了简单的裁剪设计而成，却表
现出了女性的多样、独特的魅力。

❸ 灰玫红色的明度较低，给人一种柔美、典
雅的视觉感受。

❶ 该连衣裙以格子图案点缀全身，搭配白色
的网格长裤，整体感觉既温柔又性感。

❷ 服装整体搭配巧用心机，并采用同色系的
配色方式，整体搭配给人一种轻熟、优雅
之感。

❸ 优品紫红色的明度较低，给人一种前卫、
时尚的视觉感受。

3.2 橙色

3.2.1 认识橙色

橙色：橙色是暖色系中最和煦的一种颜色，让人联想到金秋时丰收的喜悦、律动的活力，偏暗一点会让人产生一种安稳的感觉，所以应用橙色时要使用正确的搭配色彩和表达方式。

色彩情感：饱满、明快、温暖、祥和、喜悦、活力、动感、安定、朦胧、老旧、抵御。

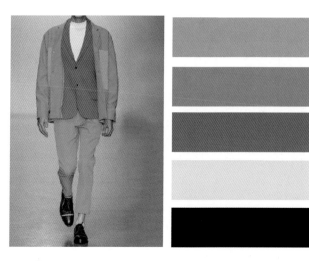

橘色 RGB=235,97,3 CMYK=9,75,98,0	柿子橙 RGB=237,108,61 CMYK=7,71,75,0	橙色 RGB=235,85,32 CMYK=8,80,90,0	阳橙 RGB=242,141,0 CMYK=6,56,94,0
橘红 RGB=238,114,0 CMYK=7,68,97,0	热带橙 RGB=242,142,56 CMYK=6,56,80,0	橙黄 RGB=255,165,1 CMYK=0,46,91,0	杏黄 RGB=229,169,107 CMYK=14,41,60,0
米色 RGB=228,204,169 CMYK=14,23,36,0	驼色 RGB=181,133,84 CMYK=37,53,71,0	琥珀色 RGB=203,106,37 CMYK=26,69,93,0	咖啡色 RGB=106,75,32 CMYK=59,69,98,28
蜂蜜色 RGB=250,194,112 CMYK=4,31,60,0	沙棕色 RGB=244,164,96 CMYK=5,46,64,0	巧克力色 RGB=85,37,0 CMYK=60,84,100,49	重褐色 RGB=139,69,19 CMYK=49,79,100,18

3.2.2 橘色 & 柿子橙

1. 整体服装采用深米色的休闲外套搭配橘色的百褶连衣裙而成，充分展现出青春、活力之感。
2. 搭配一双浅色调的运动鞋做点缀，为整体服饰增添了一丝运动休闲感。
3. 橘色是橙色中明度较高的色彩，给人以亮眼、开朗的视觉感受。

1. 服装为无袖款式的连衣裙，H型的廓形设计，增加一条宽腰带点缀，收腰设计更显女性完美的曲线。
2. 搭配一双黄色的手包、浅黄色的长袜，以及粉绿色的高跟鞋，新鲜的色彩搭配，体现出夏日的活力。
3. 柿子橙色是较为温和的橙色，给人温暖、积极的感官体验。

3.2.3 橙色 & 阳橙

1. 服装上衣采用吊带、百褶的款式设计而成，这些元素加起来给人休闲、优雅的视觉感。
2. 搭配一件牛仔款式的半身裙，整体服饰看起来极具青春气息。
3. 橙色的明度和纯度都较高，给人一种朝气、欢乐的视觉感受。

1. 该款包饰以弧形的剪裁设计而成，具有独特的美感。拉链处的长吊带设计，是该品牌的经典设计元素。
2. 包饰以阳橙色做主色，包饰与服装主体形成了华丽、古典的质感。
3. 阳橙色的色彩饱和度较低，给人以柔和、新鲜的感觉。

3.2.4　橘红 & 热带橙

❶ 服装以长款的风衣搭配紫色条纹的衬衣、不规则半身裙，以及银色金属长靴而成，充分展现出高贵、时尚的气息。

❷ 亮色的风衣和长靴，使穿着者在秋季的街头成为较为亮眼的存在。

❸ 橘红色的明度较高，给人以明快、炫酷的视觉感受。

❶ 服装上身由一件宽松的毛衣内搭一件白色衬衣，随意地露出一边肩膀，给人一种大气、休闲之感。

❷ 搭配一条蓝色的长款阔腿裤，对比色服饰配色，让整体搭配别具一格，更富有层次感。

❸ 热带橙色的明度较高，给人一种健康又不失醒目的感受。

3.2.5　橙黄 & 杏黄

❶ 服装由上身采用蓝色的毛衣内搭一件米色的衬衣，下身则为一件橙黄色的宽型阔腿裤，整体搭配时尚、休闲。

❷ 搭配一双银色的休闲拖鞋，充分地为整体服饰增添了一丝时尚之感。

❸ 橙黄色是一种较为明亮的橙色，具有鲜亮、温暖的视觉效果。

❶ 服装款式以丝滑的绸缎面料制作而成，飘逸而随风舞动，给人柔美的视觉感。

❷ 长裙在腰间设计一条蝴蝶系带，将腰身收紧，加上高开衩的设计，整体服饰更显性感身材。

❸ 杏黄色的纯度较低，给人一种雅致、柔和的视觉感受。

3.2.6　米色 & 驼色

❶ 服装款式以 X 型的廓形设计而成，在前身设计几条褶皱，行动起来服饰自然展开，极具随意的美感。

❷ 在袖口和领口处设计一小节浅黄色边角，搭配一双酒红色的短靴，举手投足间尽显优雅气息。

❸ 米色的明度较低，给人时尚、雅致的感觉。

❶ 服装上身由一件中长款的浅米色风衣搭配浅蓝色的衬衫。下身是一条皮革材质的驼色长款阔腿裤，整体搭配干净、优雅。

❷ 黑色腰带和黑色皮鞋相呼应，为整体服饰增添了沉稳之感。

❸ 驼色的明度和纯度都适中，给人成熟、温暖的视觉感受。

3.2.7　琥珀色 & 咖啡色

❶ 长裙选用薄纱材质做面料，轻薄凉快。在肩部点缀刺绣设计，为简单的长裙增添了精致的美感。

❷ 在腰间设计着一条细腰带，既可以收腰，也可以为服饰增添一丝柔美。

❸ 琥珀色是介于黄色和咖啡色之间的色彩，给人一种稳重、典雅的视觉感受。

❶ 该款包饰以方形做廓形设计，具有简约的美感。设计着两种手提袋，使包包既可以手拎也可以肩背，方便又简洁。

❷ 在手拎带与包包连接处，点缀圆形纽扣元素，与包饰呼应的小细节更加提升了整体的造型气质，体现衣着品位。

❸ 咖啡色的明度较低，给人一种怀旧、典雅的视觉感受。

第 3 章　服装与服饰设计的基础色

3.2.8 蜂蜜色 & 沙棕色

❶ 服装款式采用 X 型的廓形设计，V 领、无袖及百褶造型的设计，适合身材姣好的女性着装。

❷ 简单的裁剪设计，没有多余的装饰，是可以展现出女性休闲而优雅的夏季必备着装。

❸ 蜂蜜色的明度较低，给人一种温和、恬淡的视觉感受。

❶ 服装上身是采用鹿皮绒材质做面料的斗篷，加以蓝色简约的牛仔裤。不同面料间的材质碰撞，让整体造型丰富又有气质。

❷ 高领设计，并在其上方点缀金属装饰，为整体服饰增添了一丝帅气。

❸ 沙棕色的纯度较低，给人一种温和、柔美的感受。

3.2.9 巧克力色 & 重褐色

❶ 服装款式采用 A 型的廓形设计，加以半透明及薄纱面料的选用，给人一种朦胧的性感感受。

❷ 复古造型的项链做装饰，加上黑色的蕾丝设计，为整体服饰增添了一丝古典气息。

❸ 巧克力色的纯度较低，给人一种高雅、浓郁的视觉感受。

❶ 服装采用皮革面料设计而成，褐色的毛衣内搭，浅橙黄色的裤子做搭配，让穿着者在寒冷的季节，感受到浓郁的温暖气息。

❷ 简约的剪裁设计，能够充分体现出穿着者时尚、大气的一面。

❸ 重褐色的明度较低，给人一种高雅、有韵味的视觉感受。

3.3 黄

3.3.1 认识黄色

黄色：黄色是一种常见的色彩，可以使人联想到阳光，明度、纯度的不同，与之搭配的颜色也不同，向人们传递的感受也会不同。

色彩情感：富贵、明快、阳光、温暖、灿烂、美妙、幽默、辉煌、平庸。

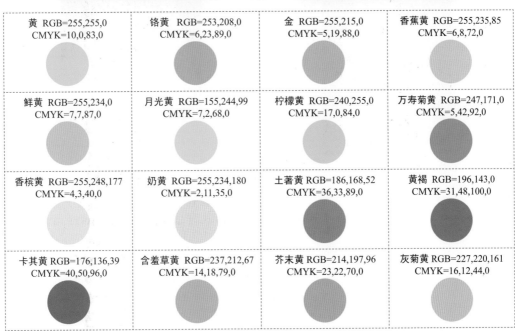

黄 RGB=255,255,0 CMYK=10,0,83,0	铬黄 RGB=253,208,0 CMYK=6,23,89,0	金 RGB=255,215,0 CMYK=5,19,88,0	香蕉黄 RGB=255,235,85 CMYK=6,8,72,0
鲜黄 RGB=255,234,0 CMYK=7,7,87,0	月光黄 RGB=155,244,99 CMYK=7,2,68,0	柠檬黄 RGB=240,255,0 CMYK=17,0,84,0	万寿菊黄 RGB=247,171,0 CMYK=5,42,92,0
香槟黄 RGB=255,248,177 CMYK=4,3,40,0	奶黄 RGB=255,234,180 CMYK=2,11,35,0	土著黄 RGB=186,168,52 CMYK=36,33,89,0	黄褐 RGB=196,143,0 CMYK=31,48,100,0
卡其黄 RGB=176,136,39 CMYK=40,50,96,0	含羞草黄 RGB=237,212,67 CMYK=14,18,79,0	芥末黄 RGB=214,197,96 CMYK=23,22,70,0	灰菊黄 RGB=227,220,161 CMYK=16,12,44,0

3.3.2　黄 & 铬黄

❶ 服装上半身由黄色的半截袖搭配白色中长款外套，将一部分外套掩在短裤中，是现如今较为流行的穿搭方式。

❷ 在牛仔短裤上挂着一个黄色的小挂件，与上衣相呼应，给人充满童趣、活力之感。

❸ 黄色是明度较高的颜色，给人一种亮眼、明快的视觉感受。

❶ 这是一套男士运动服装的搭配方案，经典的标志和条纹设计，加上鲜明的配色，充分展现出活力、开朗的视觉感。

❷ 白色的运动鞋与浅米色的内搭，巧妙地缓和了铬黄色带给人的视觉冲击力。

❸ 铬黄色是纯度和明度都非常高的黄色，给人一种活泼、明亮的视觉感受。

3.3.3　金 & 香蕉黄

❶ 服装的上身为金色的皮质夹克搭配米色衬衫，下身为格子样式的棉麻哈伦裤，整体造型轻快、活跃。

❷ 搭配黄色的平底鞋，与整体搭配和谐，更显活力。

❸ 金色的纯度较高，给人一种奢华、健康的视觉感受。

❶ 服装款式定义为毛呢材质的中长款毛衣裙，衣服上的卡通形象，为服装增添了可爱生动的气息。

❷ 搭配一双同款香蕉黄色的短靴，在视觉上可以很好地拉伸腿部线条，突显修长美腿。

❸ 香蕉黄色偏白，是一种甜美又不失柔和的色彩。

3.3.4　鲜黄 & 月光黄

① 服装的上身为鲜黄色的半截袖，搭配浅黄色的短裤，整体服装造型极具活力、跳跃之感。

② 搭配一双黑色的平底鞋，整体搭配很适合居家休闲时着装，给人一种具有活力又不张扬的视觉感受。

③ 鲜黄色的色彩饱和度较高，给人一种鲜活、明快的视觉感受。

① 服装选用纱料材质做面料，宽松的版型设计，给人十分舒适的穿着体验。

② 服装上设计着些许抽象的图案，加以黑色的高跟鞋做搭配，使整体服饰极具艺术时尚的气息。

③ 月光黄色的明度较高，给人一种淡雅、秀丽的视觉感受。

3.3.5　柠檬黄 & 万寿菊黄

① 服装的上身为一件貂毛外套，加以黑色的内搭，下身为银色的百褶裙及银色短靴，整体造型时尚又独特。

② 加以黑格纹的手提包，服装间相互协调，具有和谐的美感。

③ 柠檬黄色稍偏绿色，给人一种鲜活、健康的视觉感受。

① 该手提包以扇形的廓形设计而成，具有独特的时尚美感。

② 金属拉链与锁扣元素的点缀，造型设计简洁、大方。

③ 万寿菊黄色的纯度较高，给人一种热烈、大气的视觉感受。

3.3.6　香槟黄 & 奶黄

❶ 该款包饰以方形做廓形设计，简洁的外形设计，具有别致的美感。

❷ 别致的锁扣设计，以及两色拼接的表面，为整体包饰增添了一丝精致的美感。

❸ 香槟黄色色泽轻柔，给人一种温馨、低调的视觉感受。

❶ 整体服装由白色衬衫搭配 A 型的毛呢短裙，加以长靴。视觉上可以拉伸穿着者的身材比例，突显修长高挑的好身材。

❷ 简单大方的高腰设计，遮肉又显瘦，轻松穿出轻熟风。优质的微弹面料，胖瘦身材都能轻松驾驭，不会产生束缚感。

❸ 奶黄色的明度较高，具有柔和、低调的亲和力。

3.3.7　土著黄 & 黄褐

❶ 服装的上身为土著黄色的不对称剪裁薄毛呢背心，下身为黑色的过膝皮裙，整体搭配充满韵味。

❷ 搭配一双黑色绑带高跟鞋，充分展现了腿部线条。

❸ 土著黄色的明度较低，营造出一种低调、稳重的视觉效果。

❶ 服装款式定义为女士正装，上身为黄褐色西服外套搭配一件高领米色毛衣，下身为背带造型的西服裤，整体造型十分优雅、成熟。

❷ 搭配一双拼接的皮鞋，为整体服饰增添了一丝时尚气息。

❸ 黄褐色明度适中，给人一种稳重、朴实的视觉感受。

3.3.8 卡其黄 & 含羞草黄

① 服装款式定义为休闲男装，上身为蓝色风衣搭配白色衬衣，下身为休闲裤搭配长筒袜、平底鞋，整体搭配极具休闲、时尚气息。

② 服装中红色的长筒袜、卡其黄色的裤子，以及蓝色的风衣都是较为显眼的存在，搭配在一起获得较为醒目的效果。

③ 卡其黄色的明度较低，给人一种温暖、踏实的感觉。

① 服装款式定义为纱质蓬蓬长裙，在长裙上镶嵌精致的鲜花，抹胸、高腰的版型设计，极具性感的少女气息。

② 搭配一双同色的高跟鞋，能够突显穿着者的修长腿部线条。

③ 含羞草黄色的明度和纯度都较为中等，给人以亮眼、愉悦的视觉感受。

3.3.9 芥末黄 & 灰菊黄

① 服装整体定义为休闲女装搭配，上身为短款毛衣，下身为长款喇叭裤，整体造型能够突显穿着者修长的长腿。

② 搭配一双简单的白色凉鞋，极具休闲气息。

③ 芥末黄色是较为偏绿的黄色，纯度较低，是一种低调、温和的色彩。

① 这是一款女士钱包设计，整体版型采用简单的裁剪造型设计而成，具有大方、简洁的效果。

② 采用铁质的锁扣设计，使钱包看起来具有新意感。

③ 灰菊黄色的明度、纯度都较低，是一种优雅、朴实，具有韵味的色调。

3.4 绿

3.4.1 认识绿色

绿色: 绿色既不属于暖色系也不属于冷色系, 它在所有色彩中居中; 它象征着希望、生命。绿色是稳定的, 它可以让人放松心情, 缓解视力疲劳。

色彩情感: 希望、和平、生命、环保、柔顺、温和、优美、抒情、永远、青春、新鲜、生长、沉重、晦暗。

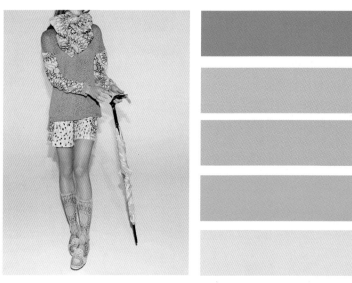

黄绿 RGB=216,230,0 CMYK=25,0,90,0	苹果绿 RGB=158,189,25 CMYK=47,14,98,0	墨绿 RGB=0,64,0 CMYK=90,61,100,44	叶绿 RGB=135,162,86 CMYK=55,28,78,0
草绿 RGB=170,196,104 CMYK=42,13,70,0	苔藓绿 RGB=136,134,55 CMYK=46,45,93,1	芥末绿 RGB=183,186,107 CMYK=36,22,66,0	橄榄绿 RGB=98,90,5 CMYK=66,60,100,22
枯叶绿 RGB=174,186,127 CMYK=39,21,57,0	碧绿 RGB=21,174,105 CMYK=75,8,75,0	绿松石绿 RGB=66,171,145 CMYK=71,15,52,0	青瓷绿 RGB=123,185,155 CMYK=56,13,47,0
孔雀石绿 RGB=0,142,87 CMYK=82,29,82,0	铬绿 RGB=0,101,80 CMYK=89,51,77,13	孔雀绿 RGB=0,128,119 CMYK=85,40,58,1	钴绿 RGB=106,189,120 CMYK=62,6,66,0

3.4.2　黄绿 & 苹果绿

❶ 服装款式定义为无袖长裙，服装以 X 型的
　廓形设计而成，在腰间小露皮肤，极具性
　感气息。

❷ 领口处的白色领结设计，以及喇叭造型的
　下摆设计，使整体服饰极具灵活、精致。

❸ 黄绿色是一种高明度的色彩，给人以生机、
　朝气的视觉感受。

❶ 服装款式定义为长款礼裙，上身与下装分
　开设计，便于穿着。肩膀处点缀的植物造
　型，使整体服装极显眼。

❷ 短款的上身搭配超长款的百褶半身裙，能
　够突显穿着者高挑的身材。

❸ 苹果绿明度、纯度适中，给人一种清脆、
　鲜甜的视觉感受。

3.4.3　墨绿 & 叶绿

❶ 整套服装利用蕾丝的不同工艺、不同剪裁
　向大家呈现了一个性感、婉约的女性形象。

❷ 服装在腰间点缀金属、宝石等装饰，加上
　一字肩的设计，既起到收腰的作用，又具
　有精致感。

❸ 墨绿色纯度较高，营造出一种高雅、自然
　的视觉效果。

❶ 服装以棉质做面料，X 型的廓形设计，能
　够突显穿着者的姣好身材。

❷ 在袖口处设计成喇叭袖，以及在腿部设计
　部分镂空，每一处的设计都极具精致感。

❸ 叶绿色是较中性的色彩，给人以稳重、率
　性的感觉。

3.4.4 草绿 & 苔藓绿

1. 服装款式定义为中款连衣裙，以蕾丝做主要剪裁设计，极具精致的性感气息。
2. 具有层次感的表面蕾丝设计，给人以清新、自然的感觉。
3. 草绿色明度适中，给人以生机、活力的视觉感受。

1. 服装款式定义为牛仔连体服饰，连体的服饰设计，加以简单的拉锁装饰，给人较强的复古感受。
2. 搭配一条印花围巾、繁杂的手链及宝石项链，使整体服饰充分展现出浓郁的异域风情。
3. 苔藓绿色色彩饱和度较低，给人以低调、干练的感觉。

3.4.5 芥末绿 & 橄榄绿

1. 服装以绸缎做面料，剪裁设计独特，给人以丝滑柔顺感。
2. 两边肩部不同的剪裁设计，以及在腰部点缀一条金属的腰带，具有别致的美感。
3. 芥末绿色是一种明度较低的绿色，给人以温和、平缓的视觉感受。

1. 服装以毛呢做面料。在肩部设计遮挡装饰物，适合女性在秋冬季节穿着。
2. 搭配一双黑色皮质手套，为整体服饰增添了一丝性感气息。
3. 橄榄绿色的明度和纯度都比较低，给人一种健康、踏实的感觉。

3.4.6　枯叶绿 & 碧绿

① 服装以抹胸连衣裙搭配一件休闲外套，在率性中带有一丝性感气息。

② 下身点缀一双长靴，能够充分展现穿着者性感的腿部线条。

③ 枯叶绿色是一种较为中性的颜色，给人以沉着、率性的感觉。

① 服装款式定义为抹胸蕾丝连衣裙，服装以X型的廓形设计而成，适合身材姣好的女性着装。

② 蕾丝的选材设计，加以抹胸设计，在细节处体现出一丝性感气息。

③ 碧绿色是较为偏青的一种颜色，给人以清爽、天然的视觉感受。

3.4.7　绿松石绿 & 青瓷绿

① 服装上身为绿松石绿色的皮质夹克，下身为格子样式的哈伦裤，整体造型轻快、活跃。

② 灰色的双肩包与整体搭配和谐，更加突显活力、休闲之感。

③ 绿松石绿色是一种接近青色的色彩，给人透彻、华贵之感。

① 服装以牛仔布做面料，加上连体短裙的设计，充分体现出青春、活力之感。

② 多个口袋的设计，增加了服装的装饰性及实用性。

③ 青瓷绿色的纯度较低，给人以时尚、淡雅的视觉感受。

3.4.8 孔雀石绿 & 铬绿

❶ 服装的上身薄雪纺衬衣搭配针织外套，下身为针织包臀裙，整体造型亮丽、高雅。

❷ 搭配一双黑头白面的高跟鞋、绿色的珠宝手链，使整体服饰充分展现出名媛气息。

❸ 孔雀石绿色的饱和度较高，给人高秀、别致之感。

❶ 服装款式定义为休闲运动装，整套的短袖短裤运动装，适合在夏季运动时穿着。

❷ 脚穿一双白色的运动鞋，与整体服装搭配极具和谐的美感。

❸ 铬绿色的明度较低，给人一种深沉、厚重之感。

3.4.9 孔雀绿 & 钴绿

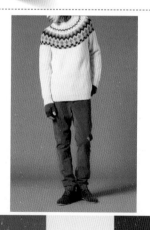

❶ 整体服饰上身为白色的针织毛衣，下身为孔雀绿色的休闲裤，整体造型给人厚重、温暖的感觉。

❷ 独特花纹的点缀，增加了整体服装的造型感，使其不会过于单调。

❸ 孔雀绿色的颜色较为浓郁，给人以高雅、冷艳的视觉感受。

❶ 服装以针织做面料，宽松的剪裁设计，给人以时尚、大气的视觉感受。

❷ 露出一边的肩膀设计、中长款的服饰设计，以及松糕鞋的搭配，整体搭配极具性感气息。

❸ 钴绿色的明度较高，营造出一种明亮、温馨的视觉效果。

3.5 青

3.5.1 认识青色

　　青色：青色是绿色和蓝色之间的过渡颜色，象征着永恒，是天空的代表色，同时也能让人与海洋联系起来。如果有一种颜色让你分不清是蓝还是绿，那或许就是青色了。

　　色彩情感：圆润、清爽、愉快、沉静、冷淡、理智、透明。

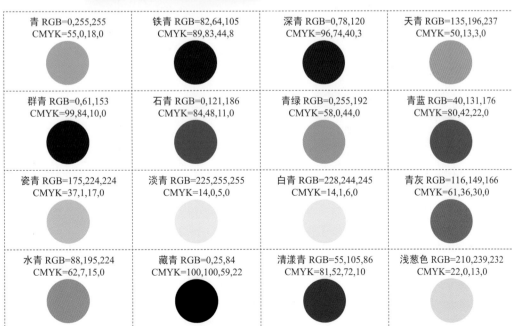

青 RGB=0,255,255
CMYK=55,0,18,0

铁青 RGB=82,64,105
CMYK=89,83,44,8

深青 RGB=0,78,120
CMYK=96,74,40,3

天青 RGB=135,196,237
CMYK=50,13,3,0

群青 RGB=0,61,153
CMYK=99,84,10,0

石青 RGB=0,121,186
CMYK=84,48,11,0

青绿 RGB=0,255,192
CMYK=58,0,44,0

青蓝 RGB=40,131,176
CMYK=80,42,22,0

瓷青 RGB=175,224,224
CMYK=37,1,17,0

淡青 RGB=225,255,255
CMYK=14,0,5,0

白青 RGB=228,244,245
CMYK=14,1,6,0

青灰 RGB=116,149,166
CMYK=61,36,30,0

水青 RGB=88,195,224
CMYK=62,7,15,0

藏青 RGB=0,25,84
CMYK=100,100,59,22

清漾青 RGB=55,105,86
CMYK=81,52,72,10

浅葱色 RGB=210,239,232
CMYK=22,0,13,0

3.5.2 青 & 铁青

❶ 该服装款式定义为运动套装，上身为简单的白色坎袖，下身为紧身九分裤，整体造型便于穿着者在运动时伸展肢体。

❷ 渐变的青色调裤子，加上印花设计，在简单的服饰中起到装饰作用。

❸ 青色是一种明度较高的颜色，给人一种凉爽、舒适的感觉。

❶ 服装采用 X 型的廓形设计而成，以刺绣花朵和圆点点缀全身，加上 V 领设计，整体造型给人以优雅、精致之感。

❷ 在腰间设计着一条橙色抽绳，既起到收腰作用，也起到装饰作用。

❸ 铁青色的纯度较低，给人一种冷静、安稳的视觉感受。

3.5.3 深青 & 天青

❶ 服装款式定义为女性军装风格，在军装的基础上进行改良，在其中增添了些许女性的柔软气息。

❷ 蕾丝内搭、金属宽腰带的点缀，为整体造型增添了一丝性感、率性之感。

❸ 深青色的明度较低，给人以沉着、稳定的视觉感受。

❶ 服装采用太空棉材质做面料，X 型的廓形设计，整体造型个性、鲜明。

❷ 在肩部和手臂处设计小面积薄纱进行装饰，为整体造型增添了一丝小性感。

❸ 天青色的明度较高，给人一种干净、纯洁的视觉感受。

3.5.4 群青 & 石青

❶ 服装以连体装搭配一件黑色外套而成，连体装设计为高腰，能够突显穿着者的修长腿部线条。

❷ 以独特材质做连体装的面料，极具奢华、精致之感。

❸ 群青色是一种较为偏蓝色的色彩，给人以深邃、空灵的感觉。

❶ 服装以厚雪纺做面料，上衣独特的剪裁设计、抹胸，以及超短裙的设计，能够为穿着者增添一丝性感气息。

❷ 服装上身点缀些许刺绣花朵，为整体服装增添了一丝精致小巧的美感。

❸ 石青色的明度较高，给人以新鲜、亮丽的感觉。

3.5.5 青绿 & 青蓝

❶ 服装整体采用棉布材质，上身为青绿色立领宽松 T 恤，下身为橙色高腰系带长裙，整体造型具有复古、简约的美感。

❷ 彩色条纹的帆布鞋做搭配，为整体服饰增添了一丝活泼之感。

❸ 青绿色的明度较高，给人一种清新、生动的视觉感受。

❶ 服装款式定义为性感睡裙，服装以丝绸做面料，顺滑的手感是丝绸面料睡衣的特点。

❷ 在服装边缘处利用蕾丝做点缀加以纤细的吊带设计，简单又兼具性感。

❸ 青蓝色的明度不高，给人以柔和、纯粹的视觉感受。

3.5.6　瓷青 & 淡青

❶ 这是一款钉扣式的耳饰设计。以不规则的造型设计而成，整体造型具有清新、低调的美感。

❷ 瓷青色的宝石镶嵌在金色的廓形之中，具有独特的雅致美感。

❸ 瓷青的明度较低，给人一种纯净、淡雅的视觉感受。

❶ 服装的上身为白色内搭，搭配淡青色的羽绒服，下身为印花紧身裤，动静结合的设计，使整体服装极具和谐的美感。

❷ 裤子上的抽象图案和长项链的装饰，为整体造型增添了一丝艺术气息。

❸ 淡青色的明度较高，给人一种纯净、冰凉的视觉感受。

3.5.7　白青 & 青灰

❶ 服装款式定义为白青色的短款连衣裙，采用简洁明亮的用色和样式，传递出轻松、文静的气息。

❷ 在服装中间位置点缀一排扣子，消除了整体设计的单调感。

❸ 白青色的明度较高，给人一种干净、文雅的视觉感受。

❶ 服装以青灰色的衬衫搭配深蓝色的格子长裤，整体造型沉稳、干练。

❷ 衬衫上点缀些许卡通元素，为整体造型增添了一丝活力之感。酒红色的皮鞋搭配，具有独特的美感。

❸ 青灰色的纯度、明度都较低，多用于背景色，给人一种稳重、静谧的感觉。

3.5.8 水青 & 藏青

①服装款式定义为男士休闲服装。服装以厚雪
  纺做面料，整体造型给人以清爽、活力之感。
②不对称式的图案设计，为整体服装增添了
  一丝灵动性。白色布鞋的搭配，把整套服
  装表现得更为休闲舒适。
③水青色的明度较高，给人以干净、清凉的
  视觉感受。

①服装款式定义为女士休闲运动装。采用具
  有弹力的特殊材质做面料，使其在运动时
  可以随意舒展。
②藏青色的上衣，在两臂、腰间点缀白、红
  色的拼接设计，为简约的运动装增添了一
  丝灵活感。
③藏青色的明度较低，通常给人以沉静、稳
  重的视觉感受。

3.5.9 清漾青 & 浅葱色

①服装款式定义为清漾青色的女性连衣裙，
  采用薄纱材质做面料，两种色调的薄纱相
  叠加，极具时尚的美感。
②腰间的镂空设计，为整体服饰增添了一丝
  性感气息。
③清漾青色的纯度稍低，是一种优雅且具有
  通透性的色彩。

①服装款式定义为纱质蕾丝公主裙，服装上身
  选用镂空花朵设计，而裙摆处选用厚纱材质，
  整体服装造型给人以轻盈的性感气息。
②浅葱色的公主裙搭配西瓜色的高跟鞋，二
  者形成鲜明的对比，在柔和的视觉中展现
  出少女的可爱感。
③浅葱色是比较清冷的色彩，给人一种纯净、
  明快的感觉。

3.6 蓝

3.6.1 认识蓝色

蓝色：十分常见的颜色，代表着广阔的天空与一望无际的海洋，在炎热的夏天能给人带来清凉的感觉，也是一种十分理性的色彩。

色彩情感：理性、智慧、清透、博爱、清凉、愉悦、沉着、冷静、细腻、柔润。

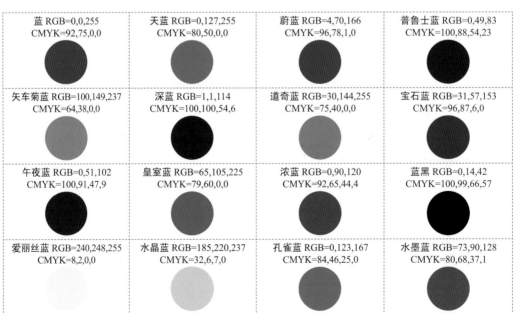

蓝 RGB=0,0,255 CMYK=92,75,0,0	天蓝 RGB=0,127,255 CMYK=80,50,0,0	蔚蓝 RGB=4,70,166 CMYK=96,78,1,0	普鲁士蓝 RGB=0,49,83 CMYK=100,88,54,23
矢车菊蓝 RGB=100,149,237 CMYK=64,38,0,0	深蓝 RGB=1,1,114 CMYK=100,100,54,6	道奇蓝 RGB=30,144,255 CMYK=75,40,0,0	宝石蓝 RGB=31,57,153 CMYK=96,87,6,0
午夜蓝 RGB=0,51,102 CMYK=100,91,47,9	皇室蓝 RGB=65,105,225 CMYK=79,60,0,0	浓蓝 RGB=0,90,120 CMYK=92,65,44,4	蓝黑 RGB=0,14,42 CMYK=100,99,66,57
爱丽丝蓝 RGB=240,248,255 CMYK=8,2,0,0	水晶蓝 RGB=185,220,237 CMYK=32,6,7,0	孔雀蓝 RGB=0,123,167 CMYK=84,46,25,0	水墨蓝 RGB=73,90,128 CMYK=80,68,37,1

3.6.2 蓝 & 天蓝

① 服装整体以蓝色为主色调，蓝色毛呢大衣与蓝色休闲裤之间形成了强烈的视觉冲击力。

② 洋红色的手提包与上身内搭相互统一，也与整体服装形成对比的美感。

③ 蓝色纯度较高，给人一种纯净、庄重的感觉。

① 服装的上身为天蓝色的吊带衬衣，下身为浅蓝色的牛仔短裤，简单的服装搭配，带给人无限的清凉之感。

② 在衬衣上用简单的英文图案做点缀，丰富了整体的服装效果。

③ 天蓝色明度较高，给人以纯净、畅快的视觉感受。

3.6.3 蔚蓝 & 普鲁士蓝

① 服装上身为蓝色的亮面花边背心内搭蔚蓝色烫绒运动外套，二者完美融合，极具优雅、时尚之感。

② 金色的手表与项链搭配，使整体造型更加原宿、嘻哈。

③ 蔚蓝色明度适中，给人一种凉爽、豁达的视觉感受。

① 服装上身为普鲁士蓝色的毛呢连衣裙与一件金色的内搭，整体造型给人以浓郁的奢华美感。

② 将裙摆处和上衣位置以百褶方式设计，为整体服装增添了些许美感。

③ 普鲁士蓝色明度较低，给人以深沉、典雅的感觉。

3.6.4 矢车菊蓝 & 深蓝

❶ 整体服装采用白色波点连衣裙搭配一件黑色波点外套，手拎矢车菊蓝色的手提包，亮眼的手提包在整体服装中具有独特的美感。

❷ 简单的手提包款式设计，具有一种大方、实用的效果。

❸ 矢车菊蓝色明度适中，给人以清爽、舒适的视觉感受。

❶ 服装款式定义为女士正装设计，选用重叠穿搭的方法，一扫传统职业装给大众的印象。

❷ 深蓝色的应用在职业装上显得高贵典雅，颇有涵养。

❸ 深蓝色明度较低，给人一种神秘而深邃的视觉感受。

3.6.5 道奇蓝 & 宝石蓝

❶ 服装款式定义为道奇蓝的包臀短裙，整体以皮质做面料，给人靓丽、时尚之感。

❷ 在裙边处高开衩的拉锁设计，别出心裁，同时为整体服装增添了一丝性感的气息。

❸ 道奇蓝色明度不高，给人一种时尚、前卫的视觉感受。

❶ 服装款式定义为宝石蓝色连衣裙，采用丝绸材质做面料，给人以光滑柔顺的视觉感。

❷ 低胸和短裙设计，充分地展现出女性独特的曲线美。墨绿色的珠宝及金色的高跟鞋搭配，更为整体服饰增添了一丝华美、精致之感。

❸ 宝石蓝色色彩饱和度较高，给人以富丽、奢华的感觉。

3.6.6 　午夜蓝 & 皇室蓝

1. 服装款式定义为牛仔连衣裙。服装以 X 型的廓形设计而成，充分展现出女性姣好的曲线美感。
2. 整体服装以午夜蓝色和青蓝色相拼接的牛仔面料设计而成，缓和了牛仔面料带给人的坚硬感。
3. 午夜蓝色是一种明度较低的色彩，给人一种神秘、静谧的视觉感受。

1. 服装上身以皇室蓝色为主色，棉麻材质，营造出了一种休闲的度假气息。
2. 搭配一件酒红色的短款牛仔裤，以及深 V 领的设计，充分展现出性感的女性气息。搭配一套原始的项链和手链，为整体服装增添了一丝自然感。
3. 皇室蓝色的纯度和明度都较高，给人以高贵、冷艳的感觉。

3.6.7 　浓蓝 & 蓝黑

PRADA

1. 服装上身为浓蓝色的皮质外套搭配紫红色的毛衣内搭，深色调的服装搭配，能够在秋冬季节为穿着者带来一丝浓厚的暖意。
2. 在外套的边缘处采用做旧的手法，做出褪色的效果，给人以最原始的自然感。
3. 浓蓝色饱和度较高，给人一种稳重、优雅的感觉。

1. 服装以白色花边内搭加上蓝黑色的背带裤搭配而成，整体造型具有自然、亮丽的美感。
2. 在背带裤上点缀一些白色，为整体造型增添了一丝独特的美感。
3. 蓝黑色明度较低，给人一种冷静、沉闷的视觉感受。

3.6.8　爱丽丝蓝 & 水晶蓝

❶ 服装款式定义为女性正装设计，上身为白色衬衫搭配爱丽丝蓝色外套，下身为爱丽丝蓝色九分裤，浅色调的应用，缓和了正装带来的正式感。

❷ 黑色的高跟鞋搭配，起到稳定整体服装的作用。

❸ 爱丽丝蓝色接近浅蓝灰色，给人一种纯净、明快的感觉。

❶ 整体服装由水晶蓝色的纱质连衣裙搭配粉色的针织外套而成，不同材质搭配，碰撞出独特的美感。

❷ 金色的高跟鞋搭配，为整体造型增添了一丝精致的奢华之感。

❸ 水晶蓝色明度较高，给人一种清丽、雅致的感觉。

3.6.9　孔雀蓝 & 水墨蓝

❶ 服装上身为灰色的内搭加上孔雀蓝色的外套，下身为对称印花的阔腿裤，整体搭配适合身材微胖的女性着装，极具遮肉效果。

❷ 随意的项链搭配，为整体造型增添了一丝自然的美感。

❸ 孔雀蓝色色彩饱和度较高，具有稳重但不失风趣的特性。

❶ 服装采用水墨蓝色的高领挑花针织毛衣搭配雪纺拼色几何半身长裙，不同材质的搭配，具有别样的美感。

❷ 在腰间点缀一条细腰带，搭配长裙能够在视觉上拉长下身比例，更显高挑纤细。

❸ 水墨蓝色纯度较低，给人一种沉稳、安静的视觉感受。

3.7 紫

3.7.1 认识紫色

　　紫色：紫色是由温暖的红色和冷静的蓝色融合而成，是极佳的刺激色。中国传统的审美观认为紫色是尊贵的颜色，而在现代紫色则是代表女性的颜色。

　　色彩情感：神秘、冷艳、高贵、优美、奢华、孤独、隐晦、成熟、勇气、魅力、自傲、流动、不安、混乱、死亡。

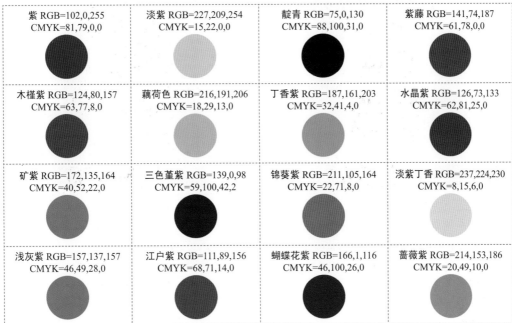

紫 RGB=102,0,255 CMYK=81,79,0,0

淡紫 RGB=227,209,254 CMYK=15,22,0,0

靛青 RGB=75,0,130 CMYK=88,100,31,0

紫藤 RGB=141,74,187 CMYK=61,78,0,0

木槿紫 RGB=124,80,157 CMYK=63,77,8,0

藕荷色 RGB=216,191,206 CMYK=18,29,13,0

丁香紫 RGB=187,161,203 CMYK=32,41,4,0

水晶紫 RGB=126,73,133 CMYK=62,81,25,0

矿紫 RGB=172,135,164 CMYK=40,52,22,0

三色堇紫 RGB=139,0,98 CMYK=59,100,42,2

锦葵紫 RGB=211,105,164 CMYK=22,71,8,0

淡紫丁香 RGB=237,224,230 CMYK=8,15,6,0

浅灰紫 RGB=157,137,157 CMYK=46,49,28,0

江户紫 RGB=111,89,156 CMYK=68,71,14,0

蝴蝶花紫 RGB=166,1,116 CMYK=46,100,26,0

蔷薇紫 RGB=214,153,186 CMYK=20,49,10,0

3.7.2　紫 & 淡紫

① 服装款式定义为女性晚礼服，亮面的材质面料加上紫色调，能够使穿着者在宴会中脱颖而出，极具醒目感。

② 深 V、高腰设计，充分展现出穿着者性感的曲线美。

③ 紫色饱和度较高，给人以华丽、浓郁的视觉感受。

① 服装以上身为白色露腰内搭，下身为深色短款包臀裙，而在最上方点缀淡紫色的薄纱装饰，整体服装极具朦胧的性感气息。

② 搭配紫色调的高跟鞋，使整体搭配极具和谐统一的美感。

③ 淡紫色明度较低，给人一种清新、梦幻的感觉。

3.7.3　靛青 & 紫藤

① 服装上身为靛青色的半截袖，下身为黑色底靛青色条纹的阔腿裤，整体搭配造型极具休闲、舒适之感。

② 上身印有人像和独特的文字做点缀，为整体造型增添了平淡生活的气息。

③ 靛青色明度较低，给人以神秘、独特的视觉感受。

① 服装上身为紫藤色的卫衣，下身为黑色百褶裙，宽松的版型设计，给人休闲、舒适之感。

② 银色的长靴、黑色的背包搭配，是如今较为流行的配饰。

③ 紫藤色纯度较高，给人一种优雅、奢华的感觉。

3.7.4 ▶ 木槿紫 & 藕荷色

❶ 服装上身为深紫红色的缎绒坎袖，下身为木槿紫色的丝绸百褶半身裙，两种不同材质的面料相搭配，极具独特的美感。

❷ 高腰设计，可以展现出穿着者姣好的身材。多种花朵元素的项链，为整体服装增添了一丝自然的气息。

❸ 木槿紫色明度适中，给人一种优雅、浪漫的感觉。

❶ 服装款式定义为藕荷色蛋糕裙，层层叠叠的薄纱，仙气十足。

❷ 深 V 设计及多种鲜花的点缀，展现性感的同时突显出轻盈的美感。

❸ 藕荷色明度和纯度都较低，给人一种含蓄、内敛的视觉感受。

3.7.5 ▶ 丁香紫 & 水晶紫

❶ 服装上身为紫色透明薄纱衬衫加上千鸟格薄呢外套，下身为一件丁香紫色休闲裤，整体造型时尚、性感。

❷ 透明薄纱内搭是整体搭配中较为显眼的地方，极具欧美大胆性感风格。

❸ 丁香紫色纯度较低，给人一种轻柔、雅致的视觉感受。

❶ 服装款式定义为无袖雪纺礼服，在胸前和侧身处设计出不规则的风格，极具层次感。

❷ 整体服装以水晶紫色为主色调，充分展现出高贵、时尚之感。

❸ 水晶紫色纯度较低，给人一种高贵、稳定的视觉感受。

3.7.6 矿紫 & 三色堇紫

❶ 整体服装采用不规则的矿紫色吊带连衣裙,搭配黑色丝网袜及红色短靴,整体造型极具时尚、性感气息。

❷ 裙子下摆处采用不规则的百褶剪裁而成,前短后长的设计,能够拉伸腿部线条。

❸ 矿紫色纯度较低,给人一种优雅、沉静的视觉感受。

❶ 服装款式定义为深 V 礼服。将领口和腰间点缀的黑色缎带系成蝴蝶结,极具精致的美感。

❷ 礼服下摆采用蛋糕裙的样式设计而成,搭配一双金色的高跟鞋,整体造型极具高贵、典雅的视觉效果。

❸ 三色堇紫色纯度较高,给人一种优雅、高尚的感觉。

3.7.7 锦葵紫 & 淡紫丁香

❶ 该服装是旗袍的升级款式。整体服装造型既温婉又大气。

❷ 绑带印花的高跟鞋与勾勒裙边的深色边框相呼应,整体造型极具和谐统一的美感。

❸ 锦葵紫色纯度较低,给人一种性感、光鲜的视觉感受。

❶ 服装款式定义为短款连衣裙,简约的剪裁设计,给人以大气、休闲之感。

❷ 加以橙色的手包及手链,为整体造型增添了一丝活力、温暖的气息。

❸ 淡紫丁香色纯度较低,给人一种幽香、梦幻的视觉感受。

3.7.8　浅灰紫 & 江户紫

❶ 服装整体以浅灰紫色为主色调，低胸装上衣的设计尤为突出，使整套服装不会过于平淡乏味。

❷ 性感的低胸加上宽松的款式设计，突显出欧美风格创新大胆的特点。

❸ 浅灰紫色明度和纯度都较低，给人一种冷静、沉稳的视觉感受。

❶ 服装是采用光滑丝绸面料的江户紫色衬衫搭配英伦风短裙而成，整体造型极具精致、高贵之感。

❷ 搭配一双红黑格子的高跟鞋，与短裙相呼应，极具优雅、高贵气息。

❸ 江户紫色纯度较低，给人一种清透、明亮的视觉感受。

3.7.9　蝴蝶花紫 & 蔷薇紫

❶ 服装采用白色衬衣与蝴蝶花紫色的抹胸连体裤相拼接设计而成，极具设计的美感。

❷ 在服装的表面设计一层蝴蝶花紫色的薄纱，使穿着者在走动间给人飘逸的美感。

❸ 蝴蝶花紫色明度较低，给人以低调、神秘的感觉。

❶ 服装款式定义为蔷薇紫色的抹胸小礼服。礼服以酒瓶形的廓形设计而成，极具独特的美感。适合腰部线条不明显的女生穿着。

❷ 在裙身点缀些许花朵，并搭配一双红绿相间的高跟鞋，为整体造型增添了精致的美感。

❸ 蔷薇紫色纯度较低，给人一种优雅、温和的视觉感受。

3.8 黑、白、灰

3.8.1 认识黑、白、灰

　　黑色：黑色是神秘、黑暗、暗藏力量的象征。它将光线全部吸收没有任何反射。黑色是一种具有多种不同文化意义的颜色，可以表达对死亡的恐惧和悲哀。黑色似乎是整个色彩世界的主宰。

　　色彩情感：高雅、热情、信心、神秘、权力、力量、死亡、罪恶、凄惨、悲伤、忧愁。

　　白色：白色象征着无比的高洁、明亮，有高远的意境。白色，还有突显的效果，尤其在深浓的色彩间，一道白色，几滴白点，就能起到极大的鲜明对比作用。

　　色彩情感：正义、善良、高尚、纯洁、公正、端庄、正直、少壮、悲哀、世俗。

　　灰色：比白色深一些，比黑色浅一些，夹在黑白两色之间，幽幽的，淡淡的，似混沌天地初开最中间的灰，单纯，寂寞，空灵，捉摸不定。

　　色彩情感：迷茫、实在、老实、厚硬、顽固、坚毅、执着、正派、压抑、内敛、朦胧。

白 RGB=255,255,255 CMYK=0,0,0,0	月光白 RGB=253,253,239 CMYK=2,1,9,0	雪白 RGB=233,241,246 CMYK=11,4,3,0	象牙白 RGB=255,251,240 CMYK=1,3,8,0
10%亮灰 RGB=230,230,230 CMYK=12,9,9,0	50%灰 RGB=102,102,102 CMYK=67,59,56,6	80%炭灰 RGB=51,51,51 CMYK=79,74,71,45	黑 RGB=0,0,0 CMYK=93,88,89,88

3.8.2　白 & 月光白

 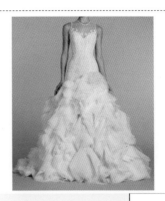

① 整套婚纱一扫厚重正式的印象，推陈出新，极具现代感，从而塑造出一个美丽又性感的新娘。

② 服装整体以白色为主色，柔软的体感蕾丝材质包裹全身，露背和拖尾的设计，别出心裁。

③ 白色是纯洁的象征，是最基础的色调，无论与何种颜色搭配，都较为和谐。

① 整套婚纱以月光白色为主色调，不同于以往婚纱的经典款，在裙摆处设计多层次的不规则薄纱堆叠，极具高贵感。

② 在婚纱上身设计薄纱拼接小 V 领，使婚纱在视觉上营造出抹胸的效果。但又给人安全感。

③ 月光白色没有白色的纯粹，给人一种清冷、高洁的视觉感受。

3.8.3　雪白 & 象牙白

① 服装款式定义为雪白色的中长款连衣裙，裙身上以多种不规则的线条相拼接，极具独特的美感。

② 小露腰部及小 V 领的剪裁设计，能够充分展现出穿着者性感的气息。搭配一双白色的高跟鞋，极具纯洁干净的视觉美。

③ 雪白色偏青色，给人一种纯洁、干净之感。

① 整体服装采用白色衬衫搭配象牙白色的半身百褶裙而成，没有过多的装饰图案，通过简约剪裁与肌理体现服装的文艺美感。

② 米色的宽腰带与米色的高跟鞋相呼应，给人一种温暖、亲切的感觉。

③ 象牙白是一种较为暖色调的白，给人一种柔软、温和之感。

3.8.4　10% 亮灰 &50% 灰

❶ 整体服装采用不规则图案的长款西装，以及同款衬衫和短裤搭配而成，整体造型极具艺术、时尚的美感。

❷ 搭配一双白色的休闲鞋，很好地营造出整套服装的简约、大气的视觉效果。

❸ 10% 亮灰色明度较高，给人以高端、雅致的视觉感受。

❶ 服装采用 50% 灰色的皮革和蕾丝相拼接设计而成，领子采用超长且卷曲的形状设计而成，极具独特的美感。

❷ 在下摆的蕾丝上点缀拉链元素，穿着时可根据喜好随时调整，充分展现出灵动的性感气息。

❸ 50% 灰色是一种较为中性的色彩，给人一种低调、平和的视觉感受。

3.8.5　80% 炭灰 & 黑

❶ 服装上身为白色衬衫搭配黑色暗纹西装，下身为 80% 炭灰色格子西裤和黑色皮鞋，整体造型稳重、帅气。

❷ 以褐色条纹领带为点缀，为整体深色调的服装增添了一丝优雅、时尚气息。

❸ 80% 炭灰色是一种偏黑色的灰，具有稳重、沉稳的特性。

❶ 服装款式定义为黑色长款连衣裙，V 领及收腰的设计，能够充分展现出穿着者性感的身姿。

❷ 在袖口及裙边处点缀羽毛穗，使穿着者在走动之间，流露出飘逸的美感。

❸ 黑色是较为浓重的颜色，给人一种稳重、神秘的感觉。

第4章 服装与服饰的面料材质

服装的主要原素有服装色彩、服装款式、面料材质。本章主要阐述服装材料的搭配方案与装饰手法。而服装材料是进行整体服装设计的基础，又可以分为主要材质和辅料材质。服装面料的选材多种多样，不同的材质面料对应着不同的服装风格。服装面料本身就是一种能够诠释服装情感的语言。

在日常生活中人们要出入各种场所。比如，出入工作场所，最好穿着面料硬挺、花样简洁的服装，这样显得整体干练笔挺；出入社交场所时，可以大胆穿着适宜场合的服装面料并配以丰富的色彩。

4.1 雪纺面料

　　"雪纺"又叫"乔其纱",采用平纹组织织成,根据所用的原料不同可分为真丝雪纺、人造丝雪纺、涤丝雪纺和交织雪纺等几种。其质地轻薄而稀疏,垂坠感很强,外观清淡雅洁,穿着舒适,适合制作夏季服饰。

　　特点:

◆ 手感柔软、富有弹性。

◆ 外观具有良好的透气性和悬垂性。

◆ 穿着飘逸、舒适。

◆ 耐磨性较好、不易起球和不易褶皱。

◆ 极具女人味,为女士衣着锦上添花。

4.1.1 雪纺面料的服装与服饰设计

浅蓝色的上衣搭配白色的短裤，整体造型给人柔软、舒适的视觉感受。

色彩点评：服装采用浅蓝色搭配白色，获得一种较为柔和的过渡效果，给人一种清爽的视觉感受。

道奇蓝色的手提包做装饰，成为整体服饰中较为亮眼的地方。

搭配一双黑色调的高跟鞋，起到稳定整套服饰的作用。

RGB=183,220,250 CMYK=32,7,0,0
RGB=255,255,255 CMYK=0,0,0,0
RGB=41,139,216 CMYK=77,39,0,0
RGB=0,0,0 CMYK=93,88,89,80

设计理念：整套服装适合女性在夏季穿着。这种服装采用交织雪纺材质做面料，

该服装款式定义为白色雪纺连衣裙，服装采用多种叠加的雪纺为主料，喇叭袖和 V 领的造型，给人宽松慵懒之感。搭配一件琥珀项链，为整体造型增添了一丝知性。

RGB=255,255,255 CMYK=0,0,0,0
RGB=0,0,0 CMYK=93,88,89,80

整套服装款式定义为蓝色印花连衣裙，裙子采用轻薄透气的薄雪纺做面料，使穿着者展露出完美的身材曲线，简约中别具风韵。

RGB=59,61,91 CMYK=85,82,51,17
RGB=228,228,228 CMYK=13,10,10,0
RGB=0,0,0 CMYK=93,88,89,80

4.1.2　雪纺面料的搭配技巧——营造柔软知性的视觉感受

因为雪纺面料的耐磨性较好，具有良好的透气性和悬垂性。所以，雪纺面料非常适合夏季服装与服饰的设计，容易给人以柔软知性且清凉舒适的视觉感受。

该服饰款式定义为女式连衣裙。连衣裙采用橙色、白色和黑色的雪纺面料相拼接设计而成，整体造型给人以优雅、温柔之感。

整套服装采用白色雪纺半截袖搭配金色的皮质半身裙，两种不同的材质相搭配，极具独特的美感。

配色方案

双色配色	三色配色	五色配色

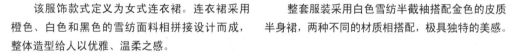

佳作欣赏

4.2 丝绸面料

丝绸面料质感柔顺、光滑，常给人华贵、典雅的感觉。这种面料手感弹性柔软，对皮肤有一定的保护作用。而且有较好的悬垂性和透气性，飘逸感极强，是女性服饰常用的材料之一。

特点：

◆ 质感柔滑、闪亮、通透。

◆ 外观光滑、垂坠感良好。

◆ 非常适合睡衣、丝巾、衬衫、礼服等服饰的面料选用。

4.2.1 丝绸面料的服装与服饰设计

设计理念：该服装款式定义为墨绿色连体装，服装选用丝绸材质做面料，上身采用胸前交叉的剪裁设计，极具创意的性感气息。

色彩点评：服装以墨绿色为主色调，充分展现出深沉、内敛的视觉特点。

❶ 在脖间随意地披着一条长款丝绸围巾，提升了整体造型的视觉比例。

❷ 高腰设计，可以在视觉上拉伸腿部线条。

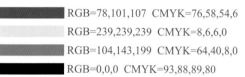

RGB=78,101,107 CMYK=76,58,54,6
RGB=239,239,239 CMYK=8,6,6,0
RGB=104,143,199 CMYK=64,40,8,0
RGB=0,0,0 CMYK=93,88,89,80

这是一款粉色丝织的手拿包设计。采用柔软的丝绸材质做面料，并在表面以较大的蝴蝶结做装饰，整体造型极具俏皮又浪漫的公主气息，十分适合女性出席宴会时携带。

这是一款丝织材质的丝巾设计。丝巾的一面是爱马仕运动图案，另一面是黑条斜纹图案，整体造型轻灵飘逸且颇具现代感。

RGB=211,36,53 CMYK=21,96,80,0
RGB=0,0,0 CMYK=93,88,89,80
RGB=255,255,255 CMYK=0,0,0,0
RGB=233,86,21 CMYK=9,79,95,0

RGB=238,185,190 CMYK=7,36,17,0

4.2.2 丝绸面料的搭配技巧——巧用低明度色调

低明度的色调是一种较偏于深色系的沉静色彩，能够给人以高贵、率性的感觉。

而低明度丝绸面料的服装搭配，常给以人典雅、华贵之感。是女性服装常用的材质配色。

整套服装款式定义为黑色丝绸套装。上身为吊带款式并在腰处装饰流苏，隐约中透露出一丝性感气息。下身开衩设计并点缀流苏，与上衣相呼应，整体造型极具高贵、典雅的视觉感受。

将丝绸具有光泽感的特性融入商务服装之中，具有独特的美感。上衣衬衫采用灯笼袖的设计，更为整体造型添加了古典、华贵色彩。

配色方案

双色配色

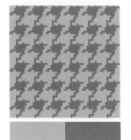

三色配色

五色配色

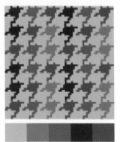

佳作欣赏

4.3 蕾丝面料

　　蕾丝面料可分为有弹蕾丝和无弹蕾丝两种面料，可以根据不同的服装风格采用相应的面料。蕾丝面料质地轻薄而通透，能够营造出优雅、性感的视觉效果，适用于各种礼服、内衣等服装。

特点：

◆ 质地轻薄通透，具有优雅而性感的艺术效果。

◆ 可以广泛运用于女性的贴身衣物。

◆ 可以给人轻熟、性感的视觉感受。

4.3.1 蕾丝面料的服装与服饰设计

设计理念：该服装款式定义为女性礼服。服装蕾丝材质做面料，加以透视的元素，能够充分展现出性感、优雅的气息。虚实之间，风韵自来。

色彩点评：服装采用黑色和浅灰色相搭配，简约的配色方式，给人一种庄重、典雅的视觉感受。

● 黑色的鸟儿展翅的造型在柔软的蕾丝映衬下柔美中展现大气之感。

● 黑色流苏的装饰，为整体服装造型增添了一丝流动的美感。

RGB=0,0,0 CMYK=93,88,89,80
RGB=246,242,244 CMYK=4,6,3,0

该服装款式定义为女性礼服。礼服采用蕾丝和皮革材质相拼接，两种不同的材质相结合，具有独特的美感。高腰设计，将腿部线条修饰得更加笔直修长。

RGB=180,179,183 CMYK=34,28,24,0
RGB=222,220,223 CMYK=15,13,10,0

整套服装款式定义为女性内衣。内衣选用蕾丝材质做面料，巧妙的低胸设计加上蕾丝外搭，露出丝缎材质的内衣，与蕾丝共同营造出独特的韵味。

RGB=127,174,210 CMYK=55,24,12,0
RGB=211,229,231 CMYK=21,6,10,0

4.3.2 蕾丝面料的搭配技巧——巧妙地与其他材质相结合

因为蕾丝面料具有精雕细琢的奢华感和体现浪漫气息的特质，一般都使用在礼服和内衣之上，可以体现女性玲珑的身材。巧妙地将蕾丝面料和其他面料相结合，不同的面料之间和谐搭配，能够营造出独特的美感。

该服装适合女性在日常休闲时穿着。服装选用白色的蕾丝上衣搭配黑色薄纱的连衣裙，整体造型极具轻熟、性感的气息。

整套服装款式定义为黑色蕾丝长裙。长裙以大面积的蕾丝做面料，搭配一条金属项链，整体造型极具典雅、复古之感。

配色方案

双色配色

三色配色

五色配色

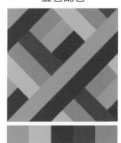

佳作欣赏

4.4 呢绒面料

　　呢绒面料包括纯羊毛面料，以及羊毛与其他纤维混纺的面料。这种面料具有密度高、版型挺括等特点。

　　呢绒面料的版型具有立体、挺括的视觉感受，能够直观地提升穿着者的精神面貌。呢绒质地厚重，不适合夏装的选料，一般常用于秋冬季节穿着的服饰选料，能够创造出风格迥异的秋冬服装。

特点：

◆ 手感温暖、富有舒适之感。

◆ 风格新颖别致，挺括不失柔软。

◆ 具有特殊的外观和优越的保暖性。

4.4.1 呢绒面料的服装与服饰设计

设计理念：整套服装适合女性在秋冬季节穿着。上身为褐色高领针织毛衣搭配

深橙色的毛呢外套，下身为灰色的毛呢阔腿裤，整体造型简约大方。

色彩点评：整套服装选用褐色、深橙色及灰色相搭配，低明度的配色方式，营造出错落有致的层次美感。

🔘 宽松的廓形设计，给人休闲温暖的视觉感受。

🔘 搭配一双深褐色皮革手套，整体造型知性优雅。

RGB=148,142,144 CMYK=49,43,38,0

RGB=201,121,64 CMYK=27,62,79,0

RGB=143,102,72 CMYK=51,64,75,7

整套服装款式定义为商务男性套装，服装上衣为一套深蓝色的西装套装搭配一件毛呢大衣，整体造型充分展现出沉稳、厚重的视觉感受。

■ RGB=39,38,54 CMYK=86,85,64,46

■ RGB=67,77,113 CMYK=83,75,43,5

□ RGB=255,255,255 CMYK=0,0,0,0

■ RGB=4,0,8 CMYK=92,90,83,76

这是一款大檐礼帽的设计。礼帽选用呢绒材质做面料，点缀一条褐色的编织带，整体造型充分展现出优雅、时尚的视觉感受。

■ RGB=25,27,26 CMYK=85,79,80,65

■ RGB=79,52,44 CMYK=65,76,79,43

呢绒材质版型挺括，常给人工整、严肃之感，可以通过长度、柔软度及花纹和色调的设计来改变服装风格，从而营造出温暖、优雅的视觉感受。

整套服装款式定义为女性学院风套装，上衣为白色内搭加上巧克力色的针织毛衣，下身为深米色呢绒短裙，整体造型学院风十足，给人以优雅、温暖之感。

整套服装选用墨绿色的大衣搭配牛仔阔腿裤，冷色调的配色方式，给人独特的美感。加上青色的手提包做装饰，与整体造型相互呼应，具有和谐的美感。

配色方案

双色配色

三色配色

五色配色

佳作欣赏

4.5 薄纱面料

随着时代的发展，现在人们接触新事物的眼光也较为开放，所以薄纱面料可以让人很好地接受并使用在服饰上。它能够充分展现出人特有的曲线美。

薄纱面料的质地较轻薄，可分为软纱和硬纱。软纱具有良好的吸湿性和透气性，能够给人以清爽、舒适之感。而硬纱虽然轻盈，但却有一定的硬挺度。

柔软的薄纱面料常被用来制作柔美飘逸的婚纱、礼服，而较硬的透明薄纱则多被作为辅料使用。

特点：

◆ 具有柔软、半透明、光泽度较柔和的特征。

◆ 具有可塑性强的特点，能够结合各种服装风格进行组合搭配。

◆ 主要用于夏季服装的选材用料，透气轻薄的材质，能够带给穿着者舒适的体验。

动感的薄纱上衣，下身为大百褶的硬纱短裙，整体造型甜美、优雅。

色彩点评：服装以浅灰色、粉色和白色相搭配而成，给人以轻盈、柔美的感觉。

🔵内搭大量的纱质花边与下身大百褶裙相呼应，极具动感气息。

🔵搭配一双灰色调的高跟鞋，整体造型极具和谐统一的美感。

	RGB=223,223,238 CMYK=15,12,2,0
	RGB=240,239,237 CMYK=7,6,7,0
	RGB=237,217,220 CMYK=8,18,10,0
	RGB=197,195,209 CMYK=27,23,12,0

设计理念：整套服装适合女性在日常休闲时穿着。上身为简洁剪裁的外套搭配

该服装款式定义为女性礼服设计。礼服采用薄纱材质做面料，加上蓝色晕染的图案做点缀，整体造型给人一种清凉、优雅的视觉感受。

■	RGB=71,132,163 CMYK=74,42,29,0
■	RGB=32,54,79 CMYK=93,82,56,27
■	RGB=165,201,210 CMYK=41,13,18,0
■	RGB=20,66,98 CMYK=95,78,49,14

这是一款长款薄纱丝巾的设计。该丝巾采用白色和卡其色相结合的波点设计而成，为轻薄的丝巾营造出一种古典美。将丝巾随意地在胸前打一个结，就能修饰出流畅的整体线条。

■	RGB=95,67,53 CMYK=63,72,78,32
□	RGB=255,255,255 CMYK=0,0,0,0
■	RGB=129,87,54 CMYK=54,68,86,16

4.5.2　薄纱面料的搭配技巧——增强服装的层次感

薄纱面料的形式较为丰富，而且风格多变。将薄纱与其他面料相结合，可以增强服装的层次感，也有助于提升服装整体的表现力，具有独特个性的美感。

在白色的雪纺长款服饰上搭配大面积的薄纱，给人以飘逸、清爽的感觉。而不同的材质相结合，使整体造型极具层次感。

该服装款式定义为鱼尾婚纱设计。蕾丝材质的上身，给人以精致的厚实质感，而下身薄纱层叠的鱼尾又巧妙地体现出轻盈之感。

配色方案

双色配色

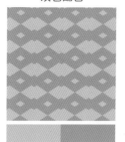

三色配色

五色配色

佳作欣赏

4.6 皮革面料

皮革面料一般可分为真皮和人造皮革两种。其中，真皮类面料具有不易变形、不易收缩的特点。而人造皮革的质地较为柔软，为皮革面料赋予了全新的内涵。

皮革的颜色除了常见的黑色、棕色外，黄色、酒红色等新鲜明快的色彩也同样使用在皮革面料上，能够给人以明快的感觉。

皮革面料常给人硬朗与强势的感觉，因为其具有良好的弹性，所以制作的服饰贴身效果更佳。

特点：

◆ 手感平滑、富有光泽质感。

◆ 耐磨性较好、不易起球和不易褶皱。

◆ 组织密实保暖，适合秋冬季节穿着。

4.6.1　皮革面料的服装与服饰设计

设计理念：该服装适合女性在日常出行时穿着。服装以皮革材质做面料，简单的造型搭配彩色条纹，给人干练、洒脱的印象。

色彩点评：服装以黑色为主色，加以铬黄色和白色做搭配，给人以活跃、性感的视觉感受。

　服装上身采用挂脖短款的剪裁设计，营造出性感、简单的气息。

　服装上身点缀具有规律的条纹装饰，为整体服装增添了动感效果。

■ RGB=0,0,0　CMYK=93,88,89,80
□ RGB=255,255,255　CMYK=0,0,0,0
■ RGB=239,206,54　CMYK=13,21,82,0

这是一款高跟鞋的设计。鞋子采用红、黑色相拼接的皮革材质设计而成，给人一种高贵、典雅的视觉感受。舒适的矮跟和系带设计，造型简洁又舒适。

■ RGB=202,41,41　CMYK=26,95,91,0
■ RGB=0,0,0　CMYK=93,88,89,80
■ RGB=237,210,194　CMYK=9,22,23,0
■ RGB=185,156,67　CMYK=36,40,82,0

这是一款手提包的设计。该包采用撞色拼接的皮革材质设计而成，环链拼接皮革的肩带设计和铭牌的装饰设计，整体造型具有华贵的格调感。

■ RGB=215,182,149　CMYK=20,32,42,0
■ RGB=225,123,29　CMYK=14,63,92,0
■ RGB=86,37,82　CMYK=75,97,50,19

4.6.2 皮革面料的搭配技巧——融入多元化元素

皮革面料常给人以朋克、帅气的视觉印象。经过时间与潮流走向的变迁，皮革面料的服装也不再单一硬朗，融入更为多元化的风格元素，或甜美或摩登或知性。

这是一款黑色皮革的水晶耳环设计。耳饰上方以花瓣钻石做点缀，在下方点缀皮革吊环和金属掐丝，整体造型古典、优雅。

整套服装采用紧身毛衣搭配皮革阔腿裤，将毛衣掖进裤里，可以平衡它的宽松版型，整体造型时尚又率性。

配色方案

双色配色

三色配色

五色配色

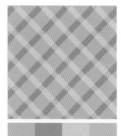

佳作欣赏

4.7 麻织面料

　　麻织面料主要有苎麻布和亚麻布。麻织面料是做夏装的理想面料,虽具有穿着舒适、凉爽的优点,但染色性较差,故色泽单一。麻织面料因其悬垂性不佳,应避免运用褶皱或做成张开的衣裙,否则会给人造成臃肿的印象。

　　一般来说,纯麻织物手感粗硬,柔软性差,具有括挺感。外力作用后,织物褶皱较多,分布着大小不等的褶痕。因麻质面料弹性差,麻织物的缩水率较大,不宜做紧身或运动装的设计。

特点:

◆ 外观粗麻、无光。

◆ 具有田园、休闲的视觉感受。

◆ 耐磨性强,传热快,散热也快。

4.7.1　麻织面料的服装与服饰设计

质做面料，A 型的廓形设计，给人一种优雅、恬静的视觉感受。

色彩点评：连衣裙以深翠绿色做主色，加以白色和蓝灰色做点缀，典雅的配色方式，更显清新脱俗。

 在衣身上印有白色方格的图案，几何感十足。

 搭配一件小号水桶包做装饰，突显时尚之感。

RGB=35,90,76　CMYK=86,56,73,20
RGB=255,255,255　CMYK=0,0,0,0
RGB=199,211,215　CMYK=26,13,14,0
RGB=41,42,31　CMYK=79,73,85,57

设计理念：整套服装适合女性在日常休闲时穿着。该款连衣裙采用麻织混纺材

该款外套以柔软的麻织做面料，以淡粉色做主色，柔美气息十足。在衣摆处设计着抽绳系带，拉紧抽绳便可以打造独特的褶皱效果。

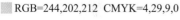

RGB=244,202,212　CMYK=4,29,9,0
RGB= 241,238,235　CMYK=7,7,8,0

整套服装采用条纹麻织衬衫搭配深蓝色休闲裤设计而成。上衣采用立领的设计加上简单的廓形，整体造型展现出随意的休闲感。

RGB=4,3,14　CMYK=93,91,80,74
RGB= 236,235,231　CMYK=9,7,9,0
RGB= 106,113,139　CMYK=67,56,36,0

4.7.2 麻织面料的搭配技巧——改变原始的视觉效果

麻织面料常给人以田园、清新的视觉体验。经过时代与潮流走向的变迁，麻织面料的服装也不再单一，通过不同的剪裁和装饰元素，可以展现出不同的视觉效果，或恬静或雅致。

服装采用连衣裙搭配吊带平底鞋而成，连衣裙采用麻织做面料，并在裙身上点缀精美的刺绣花朵，在裙边点缀蕾丝边做装饰，整体造型极具休闲的精致美感。

服装采用连体装搭配凉鞋而成，连体装以麻织做面料，阔腿裤身加上蓝色条纹，并加以腰带收束纤腰，整体造型非常适合女性在夏季穿着。

配色方案

双色配色   三色配色   五色配色

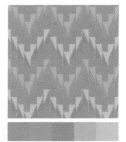

佳作欣赏

4.8 牛仔面料

牛仔面料的可塑性极强，可用于一年四季的服装搭配设计。牛仔能够和各种元素进行搭配，如搭配蕾丝会展现可爱、清新的形象；搭配印花图案会展现出潮流感；搭配金属铆钉会展现出摇滚、复古气息。牛仔面料能够满足不同风格款式服装设计的布料需求，是百搭的服装选材。

牛仔面料有别于礼服、高级时装等，其多以浅蓝、深蓝或黑色为主，是经典百搭的色彩搭配方案，在细节处设有刮痕或破洞等都是牛仔类面料服装常见的表现手法。

特点：

◆ 富有弹性、手感丰满、柔软厚实。

◆ 穿着舒适，易于搭配服装。

◆ 风格多以简约、休闲为主。

4.8.1 牛仔面料的服装与服饰设计

设计理念：服装的上身采用浅蓝色的衬衫搭配深蓝色的牛仔外套，下身为深蓝色紧身牛仔裤，整体造型帅气、个性。

色彩点评：服装以深蓝色做主色，加以浅蓝色和黄褐色做点缀，经典的配色，体现了青春、活力之感。

🔵 搭配黄褐色的短靴，中和了牛仔给人的硬朗感。

🔵 修身的牛仔裤能够突显女性曼妙的身材。

RGB=52,65,105 CMYK=89,82,44,8

RGB=205,220,226 CMYK=24,10,11,0

RGB=162,88,54 CMYK=43,74,86,6

这是一款牛仔太阳帽的设计。帽饰设计简约大方，现代感十足，加上皮革面料做装饰，为整体帽饰增添了一丝摩登之感。

RGB=65,76,110 CMYK=83,75,44,6

RGB= 0,0,0 CMYK=93,88,89,80

这是一款蓝色牛仔帆布鞋的设计。鞋面采用牛仔布料编织而成，给人以时尚前卫之感。在鞋边点缀品牌标志，起到宣传作用。

RGB=4,22,38 CMYK=98,91,69,60

RGB=48,69,97 CMYK=88,76,50,14

RGB=242,241,240 CMYK=6,5,6,0

RGB=56,94,119 CMYK=84,63,45,4

4.8.2 牛仔面料的搭配技巧——增添服装的个性美感

牛仔面料的服装形式较为丰富，其风格多变。而将牛仔与其他面料相结合，可以改变牛仔带给人的硬朗感，也有助于提升服装整体的展现力和洒脱性，赋予服装随意、个性的美感。

该服装款式定义为深蓝色牛仔机车夹克套装。在衣身点缀银色五金配件，帅气、中性感十足。搭配一双铆钉短靴，为整体造型增添了一丝摩登气息。

整套服装采用黑色背心搭配浅灰色的牛仔短裤。短裤的廓形略显宽松，与紧身的上衣相呼应，能够突显穿着者纤细、迷人的腰部线条。

配色方案

双色配色

三色配色

五色配色

佳作欣赏

4.9 针织面料

　　针织面料具有很好的弹性，这种弹性极强的材质面料，可用于多种风格服装的搭配设计。而针织面料服装大都以宽松的版型设计而成。宽松的版型，给人以休闲随性的感觉；贴身的版型，更加突显曲线的美感。

　　针织类的服饰是春秋换季常穿的一类服装，针织类的面料有良好的抗皱性和吸湿透气性，穿着健康舒适、贴身合体、无拘谨感。针织类服饰多运用简洁、柔和的线条，这样可以与针织品的柔软适体风格协调一致。

　　特点：

◆ 质地柔软、延展性强。

◆ 常以休闲百搭的风格形态出现于大众的面前。

◆ 密度高、保暖性能好，常用于秋冬服装的设计搭配。

设计理念：这是一款针织面料的毛衣设计。高领、长袖是该款设计给人的第一感觉。

色彩点评：针织毛衣采用火鹤红色，突显了女性的柔美。

● 毛衣的领口、袖口比较长，堆积在一起，给人一种慵懒的舒适感。

● 搭配自然褶皱而宽松的长裤，无比随性。

RGB=243,169,193 CMYK=4,45,9,0

RGB=57,59,72 CMYK=82,76,61,30

这是一款毛线帽的设计。帽饰以柔软舒适的针织材质做面料，加上彩色调，能够为冬日带来温暖气息。帽顶的彩色绒球，为整体造型增添了俏皮之感。

RGB=80,142,121 CMYK=72,34,58,0

RGB=195,112,68 CMYK=30,66,77,0

RGB=215,212,207 CMYK=19,16,18,0

RGB=41,39,53 CMYK=85,84,65,47

这是一款围巾的设计。围巾以针织材质做面料，斜纹的设计加上流苏边的细节，运动感十足。在两侧装饰文字和品牌标志，极具新意。

RGB=174,31,45 CMYK=39,99,91,4

RGB=236,68,91 CMYK=7,86,52,0

RGB=214,214,214 CMYK=19,14,14,0

RGB=0,0,0 CMYK=93,88,89,80

4.9.2　针织面料的搭配技巧——诠释独特的设计情感

　　针织面料具有很好的颜色搭配性，无论是清新可爱，还是摩登时尚，或者是高贵典雅，针织面料都能很好地诠释设计情感。其舒适柔软的穿着感受，也深受穿着者与设计师的喜爱。

　　整套服装采用针织毛衣搭配牛仔裤而成，而毛衣采用色彩条纹图案，修身的廓形贴合身体，能够完美突显出身体曲线，整体造型极具休闲、舒适之感。

　　这是一款米色针织手提包的设计。包饰采用手工针织设计而成，在包底装饰长流苏，加上圆环手柄设计，整体造型独具休闲、洒脱的美感。

配色方案

双色配色

三色配色

五色配色

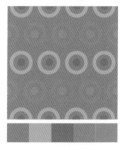

佳作欣赏

第5章 服装与服饰的风格

服装和服饰的风格是指不同种类、不同样式的服装和服饰在形式和内容方面所体现出来的内在品位和艺术美感。服装风格体现了设计师独特的创作特点和对美的认知，也突显出强烈的现代化特征。

服装风格大致有文艺风格、哥特风格、中性风格、田园风格、朋克风格、民族风格、运动风格、前卫风格、经典风格、淑女风格、学院风格、街头风格等。

特点：

◆ 文艺风格是近年流行的一种服饰风格，主要特点是清新、个性、休闲。

◆ 中性风格就是没有显著的性别特征、男女都适用的服饰，以简约的造型和多变的色彩来体现其干练、简洁的裁剪方式。

◆ 运动风格是指服装在设计和整体风格上呈现运动风，给人一种宽松、休闲之感。

◆ 学院风格是由大气的剪裁结合简单的搭配，体现出学院单纯的风格。

5.1 文艺风

　　文艺是一种生活态度，而文艺范的服装搭配是现如今较为流行的穿搭方式，经常和"小清新"搭配在一起使用，合称"小清新，文艺范儿"。

　　文艺范儿具有自然、朴素、简约的特点，宽松衬衫、帆布鞋和黑框眼镜是文艺风格中常见的穿搭元素。文艺风格是大部分文艺青年比较喜欢的搭配方式。

特点：

◆ 外观具有良好的休闲和清新感。

◆ 设计随意而富有趣味性，剪裁易于穿着。

◆ 服装线形自然，装饰运用不多。

◆ 色彩比较明朗单纯，具有流行特征。

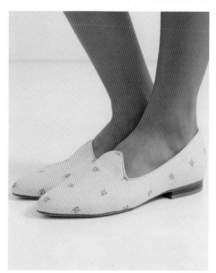

5.1.1　文艺风的服装与服饰设计

加以树脂吊坠，整体造型极具艺术感。

色彩点评：耳环采用粉色、蓝色及金色相搭配，给人一种清爽、文艺的视觉感受。

● 在树脂吊坠上点缀同色的环绕纱线，展示了品牌的标志性特色与技艺。

● 不规则的造型设计，极具独特的美感。

设计理念：这是一款耳环的设计。耳环以人物做造型设计，并采用金属相连接，

RGB=240,171,178 CMYK=6,43,20,0
RGB=192,233,239 CMYK=29,0,10,0
RGB=237,188,139 CMYK=10,33,47,0

这是一款手提包的设计。该包采用棉纱做面料，在包身缀满植物印花，六边形的手提柄，再加以青色调的配色方式，整体造型极具独特的美感。文艺风十足。

RGB=147,175,164 CMYK=48,24,37,0
RGB=255,255,255 CMYK=0,0,0,0
RGB= 193,181,169 CMYK=29,29,32,0

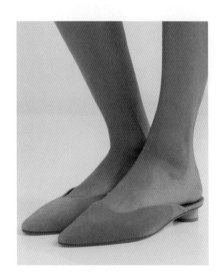

这是一款休闲鞋的设计。鞋子采用浓郁的蓝色绒面革做面料，加以圆柱形的木质鞋跟做点缀，造型百搭又实用。醒目的方形鞋面，可以在视觉上拉伸穿着者的腿部线条。

RGB=129,136,164 CMYK=57,46,25,0
RGB=162,114,69 CMYK=44,60,79,2

5.1.2 文艺风的服装与服饰搭配技巧——营造休闲知性的视觉感受

文艺风格的服装和服饰具有随意而富有趣味性的视觉效果，所以在搭配时，能够轻而易举地营造出良好的休闲知性的视觉效果。

格子连衣裙采用丝缎做面料，轻盈垂坠感十足。采用收腰的设计，能够强调修身的廓形。简单的手包及凉鞋相搭配，整体造型文艺范十足。

整体服装采用长款连衣裙搭配运动鞋而成，其中，连衣裙采用棕色和亮蓝色的格纹设计方式，灯笼袖和低领口的设计，极具设计感。整体造型既休闲又舒适。

配色方案

双色配色

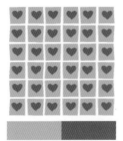

三色配色

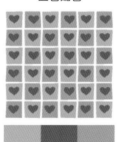

五色配色

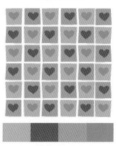

佳作欣赏

5.2 哥特风

哥特风格是指暗色系的服饰，搭配偏白的肤色，给人一种冰冷、神秘的感觉。

哥特风格具有个性、突出、夸张、奇特的视觉效果。其最大的设计元素就是多采用纵向造型和褶皱，给人一种轻盈向上的感觉。不仅展现出极具特色的装饰性，还给人一种不拘一格的洒脱不羁之感。

特点：

◆ 具有暗黑、神秘的特点。

◆ 服装和服饰一般采用深色调进行配色。例如，紫色，暗蓝，黑色等。

◆ 服装和服饰以显示身材的比例美作为最主要的穿着风格。

5.2.1 哥特风的服装与服饰设计

设计理念：这是一套适合于男性日常穿着的服装搭配。较深的配色方式、简单的图案和宽松的剪裁设计，整体造型充分体现出时尚与内涵。

色彩点评：整体服装以深紫色为主色，搭配浅紫色和棕色做点缀，给人以典雅、个性的感觉。

🔘 深沉的色调，很符合哥特风格的服装气质。

🔘 下装图案设计为沉闷的整套服饰增添了一丝亮点，整体设计层次分明。

RGB=90,69,76 CMYK=69,74,62,23

RGB=163,155,174 CMYK=43,39,22,0

RGB=44,40,51 CMYK=83,82,67,48

RGB=185,95,50 CMYK=34,73,88,1

这是一款耳环的设计。这款耳环以开放式的圈环造型设计而成，既别致又亮眼。两端皆点缀着亮泽黄金，并配以黑色圈环，整体造型极具简约摩登之感。

■ RGB=0,0,0 CMYK=93,88,89,80

■ RGB=212,161,95 CMYK=22,42,66,0

这是一款休闲鞋的设计。鞋子以亮面皮革做面料，在鞋面饰有精致繁美的布洛克式雕花做点缀，极具精致的美感。整体造型百搭又实用。

■ RGB=0,0,0 CMYK=93,88,89,80

哥特风格的服装与服饰常采用低明度的色调进行设计，而巧妙地运用低明度的色调，能够给人以神秘、黑暗之感。

这是一款单肩包的设计。该包采用天然纤维编织而成，硬挺有型，再加以小巧的容量设计，使其无论是斜挎还是单肩背携都极具美感。

整套服装以X型的廓形设计而成，夸张的泡泡袖、喇叭裤和高腰收紧的造型设计，显得穿着者霸气十足。随意的搭配一双拖鞋和编织包，都展现出独有的强大气场。

配色方案

双色配色　　　　三色配色　　　　五色配色

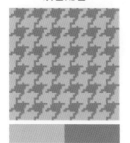
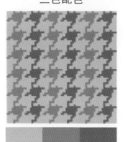

佳作欣赏

5.3 中性风

中性风的服饰，就是没有显著的性别特征、男女都适用的服饰。这种服饰充分表现出阴阳融合的风格。以简约的造型和多变的色彩来体现其干练、大方的时尚中性风格。

现如今，中性成了较为流行的风格。例如，T 恤衫、牛仔裤、西装、运动鞋等均被认为是中性服装，而黑、白和灰是常见的中性色彩。

特点：

◆ 线条精练，直线运用较多。

◆ 造型棱角分明，廓形简洁利落。

◆ 具有大方、干练、简洁和独特的视觉效果。

5.3.1 中性风的服装与服饰设计

设计理念：整套服装款式定义为女性套装。直线型的剪裁设计，加上衣身格纹

的图案，充分展现出中性、率性的气息。

色彩点评：服装采用高级灰色、棕色等低明度的配色方式，展现出平易近人且不失格调的造型。

① 较长直筒裤型的剪裁设计，可以把身材修饰得更加修长。

② 简单的手提包搭配，可以自然地打造出气场十足的职业装束。

- RGB=192,174,159 CMYK=30,33,36,0
- RGB=109,82,66 CMYK=61,68,74,21
- RGB=231,227,208 CMYK=12,11,20,0
- RGB=126,73,47 CMYK=53,75,88,21

整套服装适合女性在职场时穿着。整套服装以皮革材质做面料，上身采用硬挺的肩线和收腰设计，而下身则为宽松的阔腿裤设计，整体造型透露出一丝干练、率性的气息。

- RGB=0,0,0 CMYK=93,88,89,80
- RGB=223,185,135 CMYK=16,32,50,0

这是一款运动鞋的设计。鞋子以弹力针织材质做面料，高帮及在鞋面点缀简约的字样，整体造型充分给人以休闲、舒适之感。

- RGB=0,0,0 CMYK=93,88,89,80
- RGB=255,255,255 CMYK=0,0,0,0

5.3.2　中性风的服装与服饰搭配技巧——营造利落倾向

　　中性风格是以穿着与视觉上的轻松、随意、率性为主，年龄层跨度不大，适合日常穿着。中性风格的服装和服饰在造型元素的使用上具有明显的利落倾向。

这是一款手提包的设计。该包采用皮革材质制作而成，而白色的缝线与包身形成鲜明对比。宽大的容量设计，可以容纳多种物品。

整套服装采用米色的内搭、宽松的外套和长裤设计而成，整套造型休闲又百搭。精致的项链做点缀，为整体造型增添了独特的美感。

配色方案

双色配色

三色配色

五色配色

佳作欣赏

5.4 田园风

　　田园风格的设计，是一种回归自然的风格。通过对自然的感悟来赋予服装淡雅、纯朴的风格，给人一种原始、自然的舒畅感。

　　田园风格的服装多使用棉布、蚕丝和植物纤维等自然属性的面料，搭配能够体现自然中的景象的图案，使服装既简单又极具个性。

　　经常使用手工制作某些细节，以自然界中花草树木等自然本色为主，如白色、绿色、咖啡色、棕色和蓝色等清新的颜色，给人的视觉感受既清新又淡雅，简约大方。

　　特点：

◆ 小方格、均匀条纹、碎花图案、棉质花边。

◆ 舒适的外观和纯朴的视觉效果。

◆ 服装与服饰质感淡雅、安逸。

5.4.1 田园风的服装与服饰设计

设计理念：整套服装适合女性在夏季穿着。服装采用亚麻做面料，上身松紧带领口、喇叭袖和露腰的设计，具有独特的美感，下身为印花百褶短裙，与上衣相呼应。整体造型极具田园风。

色彩点评：整套服装选用嫩粉色做主色，加以橙黄色和浅紫色做点缀，充分营造出轻盈、淡雅的美感。

🔵 搭配一双编织休闲鞋和手提包做点缀，为整体造型增添了一丝休闲之感。

🔵 短裤上方设计为褶皱罩层，给人以短裙的视觉感。

RGB=251,229,217 CMYK=2,14,15,0
RGB=213,135,65 CMYK=21,56,78,0
RGB=199,164,164 CMYK=27,40,29,0
RGB=106,72,60 CMYK=60,72,75,26

这是一款项链的设计。项链以两条金色项链相结合，并在其上方缀有碧蓝色和琥珀色的玻璃吊坠，以及垂坠的流苏，整体造型极具飘逸的灵动美感。

RGB=200,131,1 CMYK=28,56,100,0
RGB=40,203,213 CMYK=67,0,25,0
RGB=191,156,88 CMYK=32,41,71,0

整体服装采用连衣裙搭配休闲鞋而成，白色的连衣裙以纯棉材质做面料，并在其上方点缀刺绣花朵，以及肩带上缀有精美的钩编边饰，每一处都透露出精致的美感。

RGB=255,255,255 CMYK=0,0,0,0
RGB=230,170,172 CMYK=12,42,24,0
RGB=129,167,186 CMYK=55,28,24,0
RGB=161,182,141 CMYK=44,21,50,0

　　田园风格是一种自然、清新的着装风格。田园风格的设计特点，是崇尚自然舒适，淘汰烦琐正式的装饰，散发着闲适天然的慵懒之美。

　　这是一款凉鞋的设计。鞋子采用深蓝色罗缎制成，绑带式的鞋子，可以将其固定在脚上，具有稳定感。在鞋身上点缀着珍珠吊坠，为鞋子增添了别具特色的精致美感。

　　这是一款手提包的设计。该包采用椰叶纤维编织而成，并在包里点缀条纹内衬，不同材质组合产生了独特的美感。在包上装点贝壳、水晶和麦穗，为包增添了一丝海洋气息。

配色方案

双色配色

三色配色

五色配色

佳作欣赏

5.5 朋克风

　　朋克风格，是一种酷帅、个性十足的风格，而朋克风格的服装和服饰多数采用皮革制作，且很多倾向于女穿男装，佩戴金属、铆钉类的饰品等。

　　在现代时尚中，新一代年轻人的反叛和另类的个性通过朋克风格得到展现，朋克风格的经典词汇——暗沉、破烂、简洁、金属、狂热。朋克风格的出现与其他保守的风格相反，如今，朋克风格已成为主流时尚。将朋克服装的不同元素运用于设计中，为服饰潮流加入新时尚。

　　特点：

◆ 烟熏妆、皮手套、皮草、皮带、金属装备、渔网袜等。

◆ 粗野、咆哮和不修饰。

◆ 给人以狂野、野性的视觉感受。

朋克风的服装与服饰设计

设计理念：整套服装适合女性在日常休闲时穿着。上身为印花西装，下身为亮皮裤和一双高筒长靴。整体造型酷帅、狂野。

色彩点评：服装以黑色为主色，加以黄色和灰色做点缀，鲜明的黄色中和了黑色带给人的深沉感，给人以活跃、跳动之感。

🔘 搭配一件独特的项链做点缀，朋克风十足。

🔘 在长靴之上点缀金属铆钉做装饰，表现了丰富的朋克情感。

■	RGB=0,0,0 CMYK=93,88,89,80
■	RGB=217,188,24 CMYK=22,27,91,0
■	RGB=139,129,122 CMYK=53,49,49,0

这是一款单肩包的设计。该包采用黑色纹理的皮革，并以金字塔形状的铆钉装点包身，整体造型精致又小巧，给人以个性、干练的视觉感受。

■	RGB=0,0,0 CMYK=93,88,89,80
■	RGB=215,190,161 CMYK=20,28,37,0

这是一款短款靴子的设计。鞋子采用柔软的皮革，并在鞋的边缘点缀一排珍珠做装饰，整体造型既精致又美观。同时，也巧妙地冲淡了此鞋带给人的硬朗感。

■	RGB=0,0,0 CMYK=93,88,89,80
□	RGB=255,255,255 CMYK=0,0,0,0
■	RGB=175,155,124 CMYK=38,40,52,0

5.5.2 朋克风的服装与服饰搭配技巧——增添奇特的个性美感

朋克风格充斥于日常生活中的细枝末节，也是一种自我矛盾的风格元素。渴望自由和独立，就这样形成了一种独树一帜的奇特穿搭风格。

这是一款手链的设计。手链采用黑白色马赛克的图案设计而成，并在其上方点缀天青宝石，整体造型给人以绚丽、酷帅的视觉感受。

这是一款耳环的设计。耳环以黑色宝石串联而成，给人以浓郁的神秘感受，而层叠垂坠的造型，颇具复古的韵味。

配色方案

双色配色

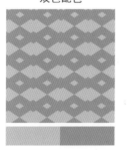

三色配色

五色配色

佳作欣赏

5.6 民族风

民族风格，是一个民族在长期的发展过程中形成的本民族的基本特征。而现代的民族风格服装都是通过改良后符合现代审美观的服装设计。

不同地区、不同民族使用的面料差异性较大。通常在民族风格的服装中，手工装饰较多，多用刺绣、珠片、流苏、印花、编织物等装饰。

民族风格的服装并不是名义上的传统民族服装，而是改良后融入传统元素的现代服装，是兼具古典美与现代着装习惯的文化产物。

特点：

◆ 地域特点鲜明，情结感较强。

◆ 配色多数浓烈、鲜艳，对比性较强。

◆ 经常选用具有民族特点的面料。

5.6.1 民族风的服装与服饰设计

设计理念：该款服装款式定位为印花

长罩衫裙。衫裙采用轻盈的真丝面料，加以对称的巴黎建筑做图案设计，营造出浪漫、迷人的视觉效果。

色彩点评：服装以蓝色为主色调，加以雪白色做点缀，给人以清爽、纯洁的视觉感受。

❶ 服装采用松紧的领口做设计，既可以展现出性感的肩颈线条，又能起到衣服不会下滑走光的作用。

❷ 在服装的正面设计开叉，在走动之间，可以不经意间展现出修长玉腿。

RGB=75,91,202 CMYK=79,67,0,0
RGB=235,234,231 CMYK=10,8,9,0
RGB=189,156,110 CMYK=33,41,60,0

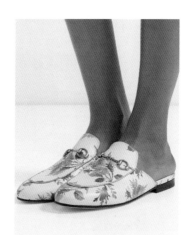

这是一款手袋的设计。手袋采用金棕色的欧根纱材质制成，细腻的纹路，营造出轻盈的质感，并采用抽绳绑成结饰，较短的造型便于背携。

RGB=206,144,108 CMYK=24,51,57,0
RGB= 224,188,168 CMYK=15,31,32,0

这是一款休闲鞋的设计。鞋子采用皮革材质制成，并在鞋面点缀玫瑰印花和金色边饰，整体造型给人以精致、百搭的视觉感受。

RGB=244,232,218 CMYK=6,11,16,0
RGB=231,90,105 CMYK=11,78,46,0
RGB=125,166,159 CMYK=57,26,39,0
RGB=209,165,95 CMYK=24,40,67,0

5.6.2 民族风的服装与服饰搭配技巧——增添丰富多彩的花纹图样

民族风格服装，无论剪裁立体还是版型修身，从细微的角度出发都能够塑造极具传统女性独有的复古风韵。民族风格显明的服装，通常主体色彩明度偏低，丰富多彩的花纹图样是民族风格服装的点睛之笔，独具特色的装饰，使得民族风元素屹立于潮流中经久不衰。

这是一款戒指的设计。戒指以孔雀开屏为造型，在金色的戒指顶端点缀一颗亮泽浓郁的墨绿色宝石，并在其四周装饰红色树脂，整体造型极具奢华、迷人之感。

整套服装采用印花亚麻连衣裙搭配吊带凉鞋。在连衣裙上利用绿色罗缎勾勒边缘，加上鲜亮的配色方式，整体造型非常适合女性在夏季休闲时着装。

配色方案

双色配色

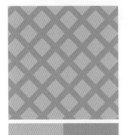

三色配色

五色配色

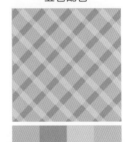

佳作欣赏

5.7 运动风

运动风格的服装和服饰其廓形常以 H 型和 O 型居多，给人以自然宽松的视觉感受。便于活动，穿着舒适。运动风格的服装是最大众化的服装。

常见的运动风格服装多采用块面与条状分割及拉链等元素相结合，而舒适、简洁是运动风格的关键要素，且功能性也十分突出。

一般运动风格的服装款式变化不是很大，流行趋势主要体现在细节和色彩之上，还有越来越符合人体工程学的贴身剪裁。

特点：

◆ 大都使用棉、针织材质做面料。

◆ 常使用装饰条、橡筋、拉链、局部印花、商标等装饰。

◆ 配色大都比较鲜明。

5.7.1　运动风的服装与服饰设计

设计理念：整套服装适合女性在日常运动时穿着。其采用简单的背心搭配紧身运动裤而成，整体造型舒适、休闲。

色彩点评：服装选用白色做主色，加以深蓝色和红色做点缀，简单的配色方式，给人一种简约的美感。

🔘 上衣圆领、条纹松紧肩带的设计，非常适合在运动时穿着。

🔘 在裤子之上点缀两条色条做点缀，为整套运动装增添了一丝活力之感。

■ RGB=241,241,240 CMYK=7,5,6,0
■ RGB=37,49,84 CMYK=93,89,51,22
■ RGB=166,3,27 CMYK=41,100,100,8
■ RGB=0,0,0 CMYK=93,88,89,80

这是一款运动鞋的设计。鞋子以皮革、牛巴革和网眼面料相拼接，不同材质的融合，产生了独特的美感。以米色做主色，酷感十足。

■ RGB=203,194,179 CMYK=25,23,29,0
■ RGB= 226,222,209 CMYK=14,12,19,0
■ RGB=91,90,93 CMYK=71,63,59,12
■ RGB=0,0,0 CMYK=93,88,89,80

整套服装款式定义为女性运动套装。服装以简约、宽松的廓形设计而成，加上迷彩图案做点缀，整体造型能够使穿着者在运动时方便伸展。

■ RGB=100,115,115 CMYK=69,53,53,2
■ RGB=149,174,168 CMYK=48,25,34,0
■ RGB=42,42,44 CMYK=81,77,73,52
■ RGB= 219,223,202 CMYK=18,10,24,0

5.7.2 运动风的服装与服饰搭配技巧——改变原始的视觉效果

运动风格的服装和服饰常给人一种休闲、活跃的视觉印象。经过时代与潮流走向的变迁，运动风格的服装也不再单一，通过不同的剪裁和装饰元素，可以展现出不同的视觉效果，或灵动或雅致。

整套服装采用运动背心搭配紧身裤而成，上衣采用简约的剪裁设计，并在其上方点缀简单的文字做装饰，整体造型兼具时尚感的同时散发出一丝随性的气息。

整套服装采用高领卫衣搭配镂空短裤而成，并在服装的边缘装饰彩色边块，为整体造型增添了一丝活跃之感。而露指袖口和抽绳下摆，可以获得温暖的效果。

配色方案

双色配色

三色配色

五色配色

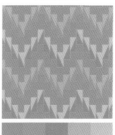

佳作欣赏

5.8 前卫风

前卫风格是一种新奇、多变的风格，而这种风格的服装多采用超前流行的设计元素设计而成。

前卫风格的设计打破常规，以"否定"为基本特征。较多使用不对称结构与装饰。前卫风格的服饰在色彩上常采用一些鲜明的色彩，常采用突破常规的剪裁方式设计而成。立体造型、繁杂符号、独特面料等元素都是前卫风格的经典特征。

特点：

◆ 常采用大胆鲜明的配色方式，对比感较为强烈。

◆ 常使用奇特新颖、时尚刺激的面料。

◆ 材质搭配经常反差较大。

5.8.1 前卫风的服装与服饰设计

设计理念：该服装以 3D 打印效果制作而成，服装以激光切割的皮革做面料，整体造型给人以立体独特的前卫美感。

色彩点评：服装以深褐色做主色，加以深米色、深橙色做点缀，低纯度的配色方式，体现了时尚、雅致之感。

搭配一双镂空皮革的短靴，更加为整体造型增添了一丝典雅、浓郁的气息。

抽象的图案和褶皱设计，给人以迷乱、前卫之感。

RGB=177,164,150 CMYK=37,36,39,0

RGB=138,74,44 CMYK=49,77,92,16

RGB=132,153,168 CMYK=55,36,29,0

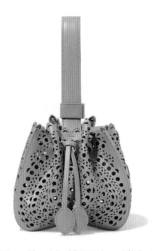

这是一款高跟鞋的设计。鞋子采用黑色皮革制作而成，配以弧形的鞋跟，并在鞋跟内侧点缀一颗珍珠，整体造型尽展优雅的风姿。

这是一款手包的设计。该包采用米色的皮革材质制作而成，并在包身设计成镂空的效果，做工精良细致。再加上抽绳的设计，整体造型极具精致的美感。

■ RGB= 0,0,0 CMYK=93,88,89,80

■ RGB= 166,125,88 CMYK=43,55,69,0

RGB= 246,243,226 CMYK=5,5,14,0

RGB=205,169,148 CMYK=24,38,40,0

5.8.2 前卫风的服装与服饰搭配技巧——运用超前流行的元素

前卫风格的服装和服饰的形式较为丰富，其造型多变。运用具有超前流行的设计元素，更有助于提升服装整体的展现力和洒脱性，可使整体造型更具随意、个性的美感。

整套服装采用 3D 立体方式设计而成，并利用打褶的设计形成花朵的造型，极具独特的美感。精练简洁的造型，营造出一种纯粹大胆的视觉效果。

这是一款高跟鞋的设计。鞋子以透明的 PVC 和皮革材质相结合制作而成，再配有圆柱体粗跟，以及金属锁扣的装饰，整体造型极具简洁、干练的美感。

配色方案

双色配色

三色配色

五色配色

佳作欣赏

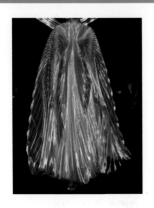

5.9 经典风

经典风格是一种比较保守的风格。这种风格讲究穿着品质，追求严谨高雅，衣身大都对称，廓形以直筒为主，服装和服饰所表现出来的质感是优美的、雅致的。

经典风格的服饰常以蓝色、酒红色、白色、粉色、紫色等沉静高雅的古典色为主，多选用传统的精纺材质做面料，以传统的花边做装饰，但单色面料居多，装饰细节较为精致。

特点：

◆ 服装质地较为柔软、舒适。

◆ 常以休闲百搭的形态出现于大众的面前。

 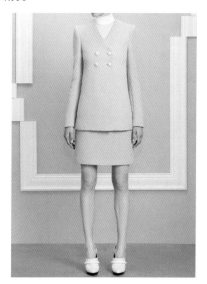

5.9.1 经典风的服装与服饰设计

设计理念：整套服装适合女性在夏季穿着。服装以羊毛真丝材质做面料，在腰间设计有彩色条纹，在视觉上起到收腰的作用。

色彩点评：采用米色做主色，加以蓝黑色和红色做点缀，营造出经典、雅致的视觉效果。

在上衣袖口处点缀三颗珠子，为整体服装增添了一丝精致的美感。

红色的高跟鞋与上衣的红色相呼应，整体造型极具雅致、经典之感。

RGB=235,226,212 CMYK=10,12,18,0
RGB=156,26,35 CMYK=44,100,100,12
RGB=39,30,35 CMYK=80,82,74,59

这是一款戒指的设计。戒指以黄金做底，并在其上方托嵌一枚莹亮的青绿色玛瑙，在四周点缀以规则的宝石，整体造型极具耀眼华美的精致美感。

这是一款高跟鞋的设计。鞋子采用裸色漆皮制成，在鞋面处点缀方形的金属搭扣，整体造型经典、舒适。

RGB=13,131,125 CMYK=83,38,55,0
RGB=8,135,169 CMYK=82,38,29,0
RGB= 0,0,0 CMYK=93,88,89,80
RGB=213,159,117 CMYK=21,44,55,0

RGB=226,189,173 CMYK=14,31,29,0
RGB=227,214,199 CMYK=14,17,22,0
RGB= 0,0,0 CMYK=93,88,89,80

5.9.2 经典风的服装与服饰搭配技巧——诠释高雅的设计情感

经典风格的服装和服饰具有很好的颜色搭配性，无论是温馨柔和，还是摩登时尚，或者是高贵典雅，经典风格都能很好地诠释设计情感。

这是一款短靴的设计。鞋子以黑色皮革制成，并采用复古方鞋头及粗跟的造型，整体造型简约中透露出一丝经典时尚的现代气息。

这是一款手提包的设计。该包采用黑色皮革制成，经典的金属标志和马衔扣五金配件的元素，辨识度较高。整体造型既经典又雅致。

配色方案

双色配色	三色配色	五色配色

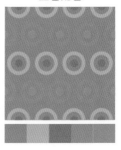

佳作欣赏

5.10 淑女风

淑女风格代表了女性温婉的气质形象，清新自然、优雅大方是淑女的最大标志。其服装色彩多以浅色调为主，不宜选用过深的色彩进行搭配，女性味十足。面料经常使用细布、雪纺、丝绸等柔软的面料，娇柔可爱。

淑女风格的服装和服饰廓形大都采用曲线造型，其风格休闲又百搭，适合进出多种场合，是一种简易的出行装扮搭配。

特点：

◆ 蕾丝与褶边是淑女风格的两大时尚标志。

◆ 外观具有柔美、清新的视觉效果。

◆ 穿着飘逸、舒适。

◆ 极具女人味，能为女士衣着锦上添花。

5.10.1 淑女风的服装与服饰设计

设计理念：整套服装适合女性在出席宴会时穿着。礼服以直筒的廓形设计而成，加上缎面的材质，给人以优雅、柔美之感。

色彩点评：服装采用浅粉色为主色，加以红色做点缀，充满女性气息的配色方式，给人一种柔和、优美的视觉感受。

🔴 点缀一串红色的珠饰，和红色手包和谐一致，每一处细节都流露出浓郁的淑女品位。

🔵 搭配一双同款粉色高跟鞋，整体造型可以惊艳全场。

RGB=228,199,191 CMYK=13,26,22,0
RGB=171,57,57 CMYK=40,90,81,4

整套服装适合女性在夏季穿着。连衣裙以飘逸的荷叶边抹胸设计而成，并在衣身点缀金色的刺绣做装饰，整体造型极具梦幻、轻灵之感。而正面开衩的设计，隐约地透露出性感美腿。

整套服装适合女性在夏季穿着。上衣采用粉色真丝材质设计而成，并在袖口处点缀黑色的羽毛做装饰，整体造型给人以飘逸、轻柔之感。

RGB=248,247,245 CMYK=4,3,4,0

RGB= 217,190,140 CMYK=20,28,49,0

RGB=235,200,168 CMYK=10,27,35,0

RGB=242,220,215 CMYK=6,18,13,0

RGB= 0,0,0 CMYK=93,88,89,80

5.10.2 淑女风的服装与服饰搭配技巧——利用浅色调的配色方式

因为淑女风格的服装和服饰外观能给人以姣好的温柔之感，所以淑女风格的服装搭配常采用浅色调的配色方式，这样容易给人一种柔软知性且清凉舒适的视觉感受。

这是一款项链的设计。项链以真丝材质做项圈，在其上方装饰一个银质的舞者吊坠，并在舞者之上点缀三颗珍珠，整体造型给人以俏丽、浪漫的美感。

这是一款戒指的设计。戒指采用金属材质制作而成，并在环身点缀着三枚粉色的宝石和一颗较大的粉色珍珠做装饰，整体造型极具精致、柔美之感。

配色方案

双色配色

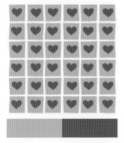

三色配色

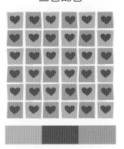

五色配色

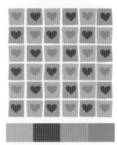

佳作欣赏

5.11 学院风

学院风是一种大气的简单搭配方式，能够轻松体现出学院单纯的风格。

在校园的时候，都想打扮得成熟、靓丽、个性；但是一出校门，又重新迷恋之前校园简单却又充满理性的学院派风格。

学院风格不仅表现在着装款式上，也展现在搭配和细节中，如格子图案、短裙等。学院风以学生的青春活力彰显其凉风习习的清冽动感，用简约、清淡、复古的方式突显个性。

特点：

◆ 针织帽、藏青裙、条纹衫、白衬衫。

◆ 给人以宁静、舒心、活泼、亲切的朝气感。

5.11.1 学院风的服装与服饰设计

设计理念：整套服装适合女性在夏季休闲时穿着。在连衣裙的腰部和肩部设计成褶皱的效果，独具柔美的气息。

色彩点评：服装以裸粉色做主色，加以酒红色和灰色做点缀，充分展现出简约、内敛的视觉效果。

🔵 在手上随意地加上一个简单的手链做装饰，为整体造型增添了一丝雅致之感。

🔵 中长款的剪裁设计，可以在视觉上拉伸腿部线条。

- RGB=242,226,219 CMYK=6,14,13,0
- RGB=207,205,205 CMYK=22,18,17,0
- RGB=74,38,34 CMYK=64,83,82,51
- RGB=193,148,98 CMYK=31,46,64,0

这是一款帆布鞋的设计。鞋子采用棉质和橡胶材质制作而成，加上简约的造型设计，并在鞋面上印有品牌标志，以及平坦的厚底，整体造型给人一种简洁、舒适之感。

- ■ RGB=0,0,0 CMYK=93,88,89,80
- □ RGB=255,255,255 CMYK=0,0,0,0

整套服装适合女性在夏季穿着。珊瑚色的牛仔连身服搭配一个斜挎包和休闲鞋，整体造型给人以休闲、凉爽之感。随意的搭配方式，又展现出独特的学院风格。

- RGB=246,162,154 CMYK=3,48,32,0
- RGB= 242,234,215 CMYK=7,9,18,0
- RGB=215,125,74 CMYK=20,61,72,0
- RGB=183,167,142 CMYK=34,35,44,0

5.11.2 学院风的服装与服饰搭配技巧——增添年轻的时尚氛围

学院风格搭配是永恒的经典，无论是在校学生还是职业上班族，都偏爱学院风格服饰，随着学院风的重返舞台，一定会让更多人爱上那份宁静而又年轻的时尚风格。

服装的上身为黑色卫衣搭配格子外套，下身为黑色半身裙，整体造型散发出浓浓的复古气息。搭配一双短靴，可以充分展现穿着者的帅气。

服装采用蓝色牛仔连体装搭配一双黑色凉鞋，再点缀一条红色的项链，整体造型极具休闲、精致的美感。

配色方案

双色配色

三色配色

五色配色

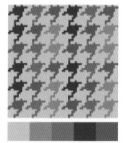

佳作欣赏

5.12　街头风

街头风格的服装和服饰一般给人一种轻松、愉悦的视觉感受。例如，宽松近乎夸张的 T 恤、裤子、衬衫等，形成一种慵懒、随意的效果。另一种典型的服饰是篮球服和运动鞋，也以宽松为标准。

现如今，街头风盛行，很多人的衣橱中都有一套属于自己的街头风服装，让人在游走于街头时，形成自己独有的一种穿衣风格。

特点：

◆　宽松牛仔裤、运动鞋、鸭舌帽都是街头风的经典特征。

◆　具有休闲、放松的视觉感受。

街头风的服装与服饰设计

设计理念：整套服装适合女性在日常休闲时穿着。服装上衣为中长款的雏菊印花衬衫，下身为白色短裤，整体造型极具夏日气息。

色彩点评：服装以白色做主色，加以黑色和黄色做点缀，简单的配色方式，更显清新脱俗。

🌸 在上衣的两侧以开衩的剪裁设计，令其廓形更显宽松。

🌸 搭配一双独特的凉鞋做装饰，为整体造型增添了一种时尚休闲之美。

RGB=0,0,0 CMYK=93,88,89,80
RGB=255,255,255 CMYK=0,0,0,0
RGB=220,198,69 CMYK=21,22,80,0
RGB=199,211,215 CMYK=26,13,15,0

这是一款单肩包的设计。该包以棉质帆布制成，以经典的格纹元素做装饰，以及长方形的廓形设计，整体造型既简约又时尚。

这是一款高跟鞋的设计。鞋子采用皮革制成，并在鞋的后方点缀彩色刺绣蝴蝶做装饰，配上尖细鞋跟，整体造型散发出浓郁的田园气息。

■ RGB=181,141,102 CMYK=36,49,62,0
■ RGB=215,193,170 CMYK=19,27,33,0
■ RGB=88,81,68 CMYK=69,64,72,24
■ RGB=187,46,41 CMYK=34,94,94,1
■ RGB=0,0,0 CMYK=93,88,89,80

■ RGB=0,0,0 CMYK=93,88,89,80
■ RGB=175,220,217 CMYK=37,3,19,0
■ RGB=253,162,130 CMYK=0,49,45,0
■ RGB=238,221,211 CMYK=8,16,16,0

5.12.2 街头风的服装与服饰搭配技巧——利用不同的元素进行设计

街头风的服装和服饰常给人以休闲、舒适的视觉印象。经过潮流的时代变迁，街头风的服装与服饰也不再单一，通过不同的造型剪裁和装饰元素，可以展现出不同的视觉效果。

这是一款手链的设计。手链采用多种色彩的珍珠和玛瑙串联而成，并在顶端装饰一颗较大的粉色珍珠，整体造型极具优雅、柔美的视觉效果。

裸色和白色相结合的上身中绣有白色的蕾丝花朵，而在服装的背面设计拖尾长纱，下身为紧身休闲裤，整体造型给人一种仙气十足的视觉感受。

配色方案

双色配色

三色配色

五色配色

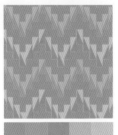

佳作欣赏

第6章 服装与服饰类型

服装的类型主要包括女装、男装、童装、婚纱、礼服、泳装、内衣等。而服饰的类型主要包括鞋子、包、帽子、围巾、首饰等。

特点：

◆ 女装设计，常会采用浅色系和粉嫩的元素搭配而成。

◆ 男装设计，多采用深色调和廓形大气的剪裁设计而成。

◆ 礼服设计，大都以较为合身的剪裁设计加以华贵的元素点缀在服装之上。

◆ 帽子设计，通常由不同的面料，以及独特的造型设计而成。

◆ 首饰设计，通常使用较为奢华的元素进行设计。

+ + +

+ + +

+ + +

+ + +

+ + +

+ + +

+ + + + + + + +

+ + + + + + + +

6.1 服装类型

不同人群，不同场合，人们穿的服装是不同的。例如，女性在选择服装时，自然就会选择女装，而男性和儿童选择服装时也是同一道理，会选择自己适合的服装。在参加宴会时穿休闲装就不太合适，自然会选择礼服；而在海边时穿职业装也不太合适，自然会选择泳装。因此，衣柜里的服装应该是多样的，按照不同的人群和出席的场合来决定穿着的服装。

6.1.1 女装

设计理念：这是一款女士连衣裙的设计。服装采用挂脖、无袖的剪裁设计而成，极具设计感。

色彩点评：采用淡粉色和黄色相搭配，给人一种粉嫩、轻柔之感。

① 连衣裙下摆处采用黄色和粉色相拼接的百褶样式设计而成，加上前短后长剪裁，极具创意感。

② 在腰间系着黑色的蝴蝶结做装饰，为整体服装增添了一丝精致的气息。

RGB=244,208,210 CMYK=5,25,12,0

RGB=243,222,93 CMYK=11,13,71,0

RGB=0,0,0 CMYK=93,88,89,80

服装采用青蓝色的牛仔衬衫搭配一件深蓝色的牛仔连体裤设计而成，高腰的设计，能够拉伸穿着者腿部的线条。搭配一双平底鞋，以及蓝色背包，极具休闲气息。

■ RGB=25,66,126 CMYK=96,83,31,1

■ RGB=65,151,208 CMYK=72,33,8,0

■ RGB=114,195,255 CMYK=54,13,0,0

■ RGB=109,60,24 CMYK=56,78,100,32

服装款式定义为短款连衣裙。细吊带和贴身的剪裁设计，展现出性感的少女气息。裙身布满樱桃图案，为整体造型增添了一种活力、清新之感。

■ RGB=201,207,227 CMYK=25,17,5,0

■ RGB=175,55,66 CMYK=39,91,73,3

■ RGB=139,156,124 CMYK=53,33,56,0

女装设计技巧——多元化的剪裁设计

女装的多元化剪裁设计，能够扩大服装市场的需求，强化对女性消费者的吸引力，而且多元化的设计，能够为女性增添异样风采，也会为女性在日常生活中增添亮点。

整体服装采用印花薄纱衬衫搭配丝绸短裤，不同的面料相搭配，充分展现出夏季清凉的花季少女气息。

服装采用呢绒材质做面料，采用不同的色块拼接而成。在腿部以不规则的剪裁设计而成，能够充分展现出性感的女性气息。

配色方案

双色配色

三色配色

五色配色

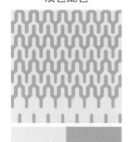

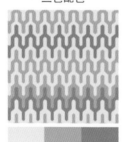

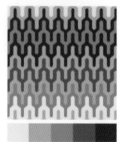

佳作欣赏

6.1.2 男装

设计理念：这是一款休闲男装的设计。服装采用宽松的针织毛衣搭配条纹休

闲裤而成，夸张的造型设计，极具吸引力。

色彩点评：采用苹果绿色、橙色及黑色相搭配，邻近色的配色方式，极具醒目、亮眼的效果。

🔘 毛衣上点缀大面积的文字做装饰，充分展现出嘻哈、率性的视觉效果。

🔘 下身条纹的设计与上衣文字相对比，给人一种时尚、休闲的感觉。

■ RGB=255,83,23 CMYK=0,80,89,0
■ RGB=245,165,112 CMYK=4,46,56,0
■ RGB=163,206,82 CMYK=45,5,80,0
■ RGB=0,0,0 CMYK=93,88,89,80

服装款式定义为商务男性正装。整体造型除了拥有简洁剪裁的正统西装外，格子条纹的表面设计，休闲又不失男性的时尚魅力。

■ RGB=128,139,143 CMYK=57,42,40,0
□ RGB=255,255,255 CMYK=0,0,0,0
■ RGB=0,0,0 CMYK=93,88,89,80

服装的上身为牛仔衬衫搭配橘色连帽外套，下身为深蓝色的休闲裤，整套服装由浅至深，整体造型看起来别具一格，极具休闲、帅气的气息。

■ RGB=246,139,83 CMYK=3,58,67,0
■ RGB=138,175,215 CMYK=51,25,8,0
■ RGB=227,195,172 CMYK=14,28,32,0
■ RGB=49,60,119 CMYK=92,87,34,1
■ RGB=0,0,0 CMYK=93,88,89,80

男装设计技巧——色调沉稳

在设计男性服装时，一般多采用明度、纯度均较低的色彩做搭配，目的是使其更具有阳刚、稳重气息，从而更加吸引人的眼球。

服装采用蓝灰色的皮质上衣搭配米色的棉麻短裤而成，整体造型既休闲又阳光。搭配一双米色的凉鞋，为整体造型增添了一丝清凉、舒适之感。

服装上身为蓝色卫衣搭配一件红色皮衣外套，下身为一件黑色的格子休闲裤，对比色的配色搭配，极具醒目之感。搭配一双酒红色的皮鞋，极具沉稳、奢华之感。

配色方案

双色配色

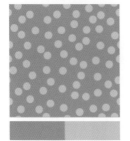

三色配色

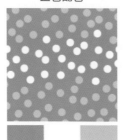

五色配色

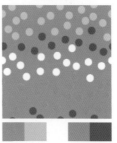

佳作欣赏

6.1.3 童装

设计理念：这是一款童装的设计。整套服装以深西瓜红的连衣裙搭配一件黑色

和米色相间的针织披风而成，整体造型俏皮可爱。

色彩点评：服装采用深西瓜红色、深米色及黑色相搭配，给人一种生动、时尚的感觉。

❶ 披风上的抽象图案，极具设计的美感。

❷ 搭配一双米色的休闲鞋，与披风之间相呼应，充分展现出时尚、活力之感。

RGB=0,0,0 CMYK=93,88,89,80

RGB=198,166,142 CMYK=27,38,43,0

RGB=178,70,70 CMYK=38,85,71,2

RGB=234,218,205 CMYK=10,17,19,0

服装款式定义为青色波点儿童连衣裙。以经典的波点元素和刺绣文字做点缀，可以为穿着者增添几分生动、活泼。

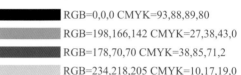

RGB=109,199,210 CMYK=58,5,23,0

RGB=255,255,255 CMYK=0,0,0,0

RGB=212,125,180 CMYK=22,62,4,0

整套服装采用浅蓝色卫衣搭配深火鹤红色的牛仔短裤，明度较低的配色方式，充分展现出阳光、活力之感。

RGB=172,198,213 CMYK=38,16,14,0

RGB=226,133,115 CMYK=14,59,49,0

童装设计技巧——增添服装的舒适感

通常，童装的设计要以适合儿童穿着为目的，采用较为舒适的材质做儿童服装的面料，并增添一些可爱元素，让儿童在穿着服装时，既可以感到舒适又体现出生动的童趣感。

服装上身为白色衬衣搭配黑色针织外套，下身为深洋红色短裙搭配黑色针织裤，以及深褐色短靴，整体造型极具温暖、舒适之感。

服装款式定义为蓝色薄纱连衣裙，裙身印满蓝色的花朵，并在腰间点缀蝴蝶结，整体造型极具生动、可爱之感。

配色方案

双色配色

三色配色

五色配色

佳作欣赏

6.1.4 婚纱

设计理念：整套婚纱一扫严肃、庄重的印象，以蕾丝材质做面料，修身垂感的剪裁包裹全身，极具性感气息。

色彩点评：服装整体采用白色做主色，充分展现出纯洁、高雅的视觉美。

🔴 深 V 领、收腰与高开衩的裁剪设计，能够充分展现出穿着者性感的曲线美。

🔵 选择深米色的高跟鞋做搭配，可以拉伸腿部线条，充分体现出姣好的女性身材。

RGB=255,255,255 CMYK=0,0,0,0

RGB=229,228,223 CMYK=13,10,12,0

这套婚纱更加注重对细节的处理，婚纱上身为镂空剪裁并点缀珍珠设计而成，下身为贴身雪纺质感的鱼尾裙摆，整体造型极具性感气息。适合身材姣好的女性着装。

整套婚纱更加侧重细节设计，粉色调的薄纱、腰间银色的亮钻等细节元素的点缀，为整体造型增添了飘逸的柔美之感。

RGB=252,252,252 CMYK=1,1,1,0

RGB=233,209,188 CMYK=11,22,26,0

RGB=246,234,218 CMYK=5,10,16,0

婚纱设计技巧——增强视觉上的圣洁感

在设计婚纱时，想要使婚纱在众多礼服中脱颖而出，就要增强视觉上的高雅圣洁之感，再加以奢华、经典的元素做点缀，从而使穿着者在重要场合中傲然而立。

婚纱以丝绸材质做面料，以 X 型的廓形设计而成，加以抹胸的剪裁设计，整体造型极具性感、纯洁的独特美感。

该套婚纱没有加入过多钻石珠宝装饰，只是简单地用蕾丝、刺绣等经典元素相搭配，完美地将穿着者的曲线勾勒出来。

配色方案

双色配色

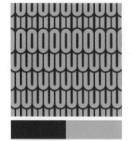

三色配色

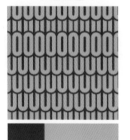

五色配色

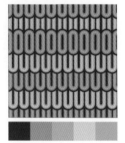

佳作欣赏

6.1.5　礼服

设计理念：服装款式定义为青绿色长款礼服。五分袖、长裙摆设计，适合手部、腿部线条不完美的女性着装，能够充分遮掩住身材上的小缺陷。

色彩点评：礼服采用青绿色做主色，加以绿色做点缀，给人以极强的清凉、舒爽之感。

🔵 在腰间点缀一条绿色细腰带，在收腰的同时，给人一种生动的美感。

🟢 裙体表面用规则性的亮片做装饰，为整体造型增添了一丝亮眼、精致的气息。

RGB=129,193,184 CMYK=53,11,33,0
RGB=169,207,211 CMYK=39,10,19,0
RGB=26,62,42 CMYK=87,63,89,44
RGB=85,165,76 CMYK=69,18,87,0

礼服款式定义为红色中长款礼服，礼服采用光滑的丝绸材质做面料，并在肩部设计蕾丝刺绣做点缀，整体造型极具性感、妩媚的气息。

RGB=192,27,44 CMYK=31,99,90,1
RGB=245,71,90 CMYK=2,84,53,0
RGB=2,163,217 CMYK=75,23,10,0

服装款式定义为洋红色的抹胸短款礼服。裙身布满立体的玫瑰花，使穿着者宛如玫瑰般娇美，搭配一双银色的高跟鞋，与整体搭配能够拉伸修长的腿部线条。

RGB=241,8,122 CMYK=4,95,21,0
RGB=255,255,255 CMYK=0,0,0,0
RGB=171,177,170 CMYK=38,27,32,0

礼服设计技巧——营造穿着者的高贵感

　　"礼服"简单的理解就是参加宴会时的着装，虽然属于非经常性穿着的衣服，但在选择时，也要追求精致的美感。因此在设计礼服时，要在礼服中增添典雅华贵、突显女性特点的元素。

　　服装款式定义为女性出席派对时的小礼服，服装运用收腰紧身抹胸的 A 型廓形设计，展现出穿着者完美的肩背和锁骨线条，极具性感优雅的气息。

　　服装整体以丝缎材质做面料，特殊机械压制褶皱为辅。深 V 和高开衩的裁剪设计，别具匠心，性感与华丽兼备。

配色方案

双色配色

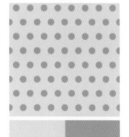

三色配色

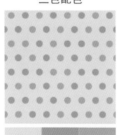

五色配色

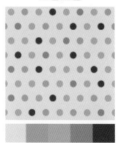

佳作欣赏

6.1.6 泳装

设计理念：服装款式设计来源于女士小礼服。将礼服图案元素与泳装相结合，为整体服装造型增添了独特的美感。

色彩点评：

🔵 服装采用多种鲜艳的颜色相搭配，充分营造出生动、活力的视觉效果。

🔵 连衣裙式的泳装，能够突显穿着者姣好的身材。

RGB=253,99,92 CMYK=0,75,55,0

RGB=253,152,128 CMYK=0,53,44,0

RGB=2,192,230 CMYK=70,4,13,0

RGB=254,218,87 CMYK=5,18,71,0

RGB=0,195,134 CMYK=72,0,62,0

该泳装款式定义为挂脖式泳装，在胸口处做镂空设计，极具性感气息。高裁的底边能突显出穿着者腿部修长的线条。红蓝色的动物图案点缀满身，给人一种较为清新、生动的视觉感。

RGB=66,110,161 CMYK=79,56,22,0

RGB=233,233,221 CMYK=11,8,15,0

RGB=199,100,76 CMYK=27,72,69,0

该泳装款式定义为两件式泳装。泳装采用不缩水、可拉抻的面料制成，并在服装之上点缀规则图案的亮钻，整体造型极具精致、性感的视觉效果。

RGB=12,25,37 CMYK=94,87,71,60

RGB=231,231,231 CMYK=11,9,9,0

泳装设计技巧——造型显瘦又遮肉

　　夏天女生在海边游玩时肯定要选择一件合身的泳装，不过很多女生会担心穿上泳装容易把身材缺陷暴露得一览无余，所以在设计泳装时，就要使整体造型显瘦又遮肉，这样才能使穿着者可以在水中肆意玩耍。

　　该泳装款式定义为两件式泳装。泳装采用荷叶边点缀其中，能够有效地提升小胸部女生的丰满感，也能增加整体的造型、层次感。

　　该泳装款式定义为连体式泳装，整体采用竖条纹图案点缀，在视觉上可起到瘦身作用。而高裁的底边能营造出长腿效果。

配色方案

双色配色

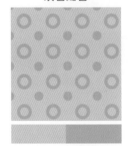

三色配色

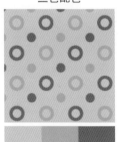

五色配色

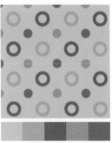

佳作欣赏

第 6 章　服装与服饰类型

147

6.1.7　内衣

设计理念：该内衣充分抓住了女性性感的特点。款式虽然简洁普通，却充满了成熟女性的独特韵味。

色彩点评：采用洋红色做主色，加以黑色做点缀，二者共同营造出非凡的性感妩媚的视觉效果。

🌸 黑色的蕾丝作为装饰，因其质地柔软，非常适合贴身穿着。

🌸 内衣款式简单传统，任何肤色都能轻松驾驭搭配，也是穿着舒适的内衣款式。

■ RGB=241,29,89 CMYK=4,94,49,0
■ RGB=237,119,147 CMYK=8,67,24,0
■ RGB=0,0,0 CMYK=93,88,89,80

内衣款式定义为紫色调内衣。上身为背心式的内衣，将保守和性感展现得淋漓尽致。在内衣上点缀深洋红色的刺绣印花，为整体造型增添了一丝优雅的美感。

■ RGB=69,34,98 CMYK=87,100,44,8
■ RGB=188,35,161 CMYK=38,90,0,0
■ RGB=102,57,110 CMYK=73,90,38,2

整体内衣款式定义为三件式内衣。以黑色的内衣搭配白色的外套，配色经典和谐，款式设计热辣大胆，细节内涵丰富完美。

■ RGB=0,0,0 CMYK=93,88,89,80
□ RGB=255,255,255 CMYK=0,0,0,0
■ RGB=185,180,177 CMYK=32,28,27,0

内衣设计技巧——提升穿着者的精神面貌

内衣具有很好的塑形作用，所以根据不同的胸型进行合理设计，这样能够为外在着装打下良好的基础，并且能够起到显著地提升穿着者精神面貌的作用。

该款内衣采用简单的剪裁设计而成，运用莫代尔材质做面料，青色做主色调，整体造型极其性感、靓丽。

该款内衣款式定义为红色两件式内衣。上身为吊带长款内衣，以蕾丝刺绣点缀在内衣之上，开敞的花边和蝴蝶结做装饰，整体造型优雅性感。

配色方案

双色配色

三色配色

五色配色

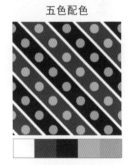

佳作欣赏

6.2 服饰类型

　　服饰历史悠久，是服装必不可少的绝好搭配。而服装与饰品的完美结合，才是完整的服装整体造型。配饰种类繁多，通常除衣服、裤子和鞋子外，其他都可称之为配饰。

　　通过现代文化的交融与发展，服饰设计创造出了新时代的时尚元素，将时尚元素与传统服装饰品进行时空的碰撞，会使服装整体造型获得意想不到的和谐效果。

　　服饰从一定程度上来说，是时尚个性的象征，也具有表现社会地位、显示财富及身份的意义。

6.2.1　鞋子

设计理念：该款鞋子定义为罗马式高跟鞋。鞋面采用多种颜色的鞋带，极具创意的美感。

色彩点评：鞋子采用红色和绿色相搭配，形成彩虹色的样式，极具吸引力。

🔵 水滴造型的收头处点缀黑色纽扣，为整体造型增添了一丝灵动之感。

🔵 经典的红底设计及超高、超细的鞋跟，穿在脚上，可以充分提升穿着者的气质。

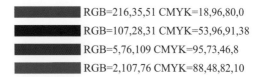

RGB=216,35,51 CMYK=18,96,80,0
RGB=107,28,31 CMYK=53,96,91,38
RGB=5,76,109 CMYK=95,73,46,8
RGB=2,107,76 CMYK=88,48,82,10

这是一款运动鞋的设计。运动鞋以素雅的灰色为主色，在鞋面上加以黄色为点缀，整体感觉十分生动有活力。

RGB=207,208,210　CMYK=22,16,15,0
RGB=235,237,232　CMYK=10,6,10,0
RGB=255,254,172　CMYK=5,0,42,0

这是一款休闲鞋的设计。在鞋头装饰蝴蝶结并将鞋的边缘设计成波浪形，整体造型优雅、温柔。低跟的设计，可以减轻行走压力。

RGB=192,189,232　CMYK=30,26,0,0
RGB=220,212,243　CMYK=17,19,0,0
RGB=181,144,130　CMYK=36,47,45,0

鞋子设计技巧——造型精致且舒适

在设计鞋子时运用一定的设计技巧，可以使鞋子的造型更为精致，还能增加鞋子穿在脚上的舒适度。设计师将对鞋子所感觉到的灵感投入到鞋子设计中，并使大众能够理解和接受。

这是一款高跟鞋的设计。高跟鞋采用紫色星光做鞋面，极具奢华、典雅之感。加以细跟设计，可以充分提升穿着者的气质。

这是一款长款靴子的设计。长靴以白色为主色，靴子表面镂空的设计，既可以起到透气的作用，又可以展现出独特的美感。

配色方案

双色配色

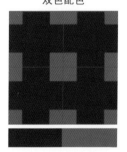

三色配色

五色配色

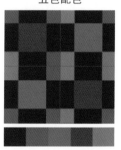

佳作欣赏

设计理念：该包款式定义为 OL 风的锁链包。包以立体四方形的廓形设计而成，给人一种时尚大方的视觉感受。

色彩点评：包以蓝色为主色，淡雅的色调，很适合在夏季使用，极具清爽、文雅之感。

● 采用金属锁扣和链条做搭配，具有低调的时尚之感。

● 包表面凸起的几何形状，为整体造型增添了精致的美感。

RGB=103,121,199 CMYK=67,53,0,0

RGB=222,214,213 CMYK=16,16,14,0

RGB=250,249,244 CMYK=3,3,5,0

这是一款双肩背包的设计。背包采用牛皮材质和帆布材质做面料，加上棕色、米色调相搭配，整体造型英伦、复古风十足。

RGB=159,77,33 CMYK=44,79,100,8

RGB=214,173,143 CMYK=20,37,43,0

RGB=96,33,23 CMYK=55,91,97,43

这是一款女士钱包的设计。钱包以亮面的皮质做面料，红色做主色，加以较大的标志做锁扣设计，整体造型极具奢华、亮眼之感。

RGB=182,20,34 CMYK=36,100,100,2

RGB=252,219,145 CMYK=4,18,49,0

包设计技巧——建立独特的品牌个性

在设计包时，可以在包中加入较为独特或标志性的元素，这样能让设计更加时尚、优雅，且更容易表现出品牌气息。再以色调为索引，有利于增强消费者对包的辨识度。

这是一款手提包的设计。该手提包由多块不同形状的淡粉、嫩绿、浅蓝、鹅黄等颜色的皮革完美拼接而成。粉嫩色手提包非常适合夏季时节使用。

这是一款对折式钱包的设计。该钱包中别致的绑带圆环设计，简洁随性。以环形圆圈为装饰，给人一种很纯粹的自然美，适合日常使用。

配色方案

双色配色

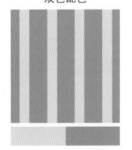

三色配色

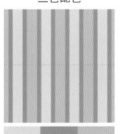

五色配色

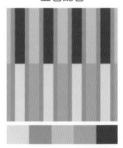

佳作欣赏

6.2.3 帽子

设计理念：帽子款式定义为大檐帽。宽大的帽檐可以起到很好的遮阳作用。

色彩点评：帽子采用大面积的深蓝色做主色调，给人带来优雅、舒心的感觉。

🔵1 因为大檐帽的体积比较大，所以搭配大檐帽的一般都是较为休闲的服装。这样可以更好地体现出舒适之感。

🔵2 简单的檐帽设计，越来越受到夏日里爱美女性的青睐。

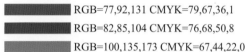

- RGB=77,92,131 CMYK=79,67,36,1
- RGB=82,85,104 CMYK=76,68,50,8
- RGB=100,135,173 CMYK=67,44,22,0
- RGB=255,255,255 CMYK=0,0,0,0

这是一款贝雷帽的设计。该帽子采用毛呢材质做面料，并采用青蓝色做主色调，可以充分地展现出佩戴者的复古迷人气息。

- RGB=10,118,156 CMYK=85,48,31,0

这是一款鸭舌帽的设计。该帽子以经典的造型设计而成，采用黑色做主色，加以红色做点缀，给人一种简洁、休闲的视觉感受。

- RGB=46,46,56 CMYK=83,79,66,44
- RGB=195,47,70 CMYK=30,93,68,0

帽子设计技巧——增强帽子吸引力

帽子在用来保护头部的同时也可以做装饰，而且帽子的种类和设计也是多种多样。因此在设计的过程中，要增添帽子的吸引力，并突出帽子的风格和个性，从而让消费者看过帽子后既可以留下深刻的印象，还可以树立良好的品牌形象。

这是一款针织翻边薄毛线球帽的设计。该帽饰采用针织材质做面料，并运用黑色做主色，而帽顶采用蕾丝镶钻的耳朵设计，整体造型十分性感可爱。

这是一款礼帽的设计。该帽饰采用经典的造型设计方式，毛呢材质做面料，起到保暖作用。利用棕色做主色调，整体造型优雅、复古风十足。

配色方案

双色配色

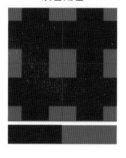

三色配色

五色配色

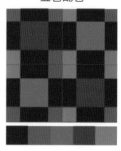

佳作欣赏

6.2.4 围巾

设计理念：这是一款宽款围巾的设计。围巾以"翅膀"图案设计而成，给人一种随时飞起来的飘逸之感。

色彩点评：围巾以青瓷绿色为底色，加以褐色、米色做点缀，整体造型清新脱俗。

● 轻薄的材质，加以翅膀图案，充分营造出翩然起舞的视觉感受。

● 加以绿色植物和花朵做点缀，为整体造型增添了一丝自然、生机之感。

- RGB=164,207,188 CMYK=42,8,32,0
- RGB=203,143,81 CMYK=26,51,72,0
- RGB=195,91,61 CMYK=30,76,79,0
- RGB=64,75,80 CMYK=79,68,62,23

这是一款针织围巾的设计。围巾利用小鸟形象做固定造型，极具童趣之感。以米色搭配黄色的配色方式，给人以清新又可爱的视觉感受。

- RGB=245,242,227 CMYK=6,5,13,0
- RGB=238,192,32 CMYK=12,29,88,0
- RGB=240,216,147 CMYK=10,18,49,0

这是一款印花短围巾设计，将围巾打成一个大蝴蝶结，极具垂坠感的同时，充分营造出优雅、复古的视觉感受。

- RGB=250,181,94 CMYK=3,38,66,0
- RGB=36,46,65 CMYK=89,83,61,38
- RGB=255,255,255 CMYK=0,0,0,0
- RGB=223,108,79 CMYK=15,70,67,0

围巾设计技巧——建立独特配饰个性

在设计围巾时，可以在围巾中加入较为独特个性的元素，这样能让围巾设计更加时尚、优雅，且更容易使佩戴者表现出独特的美感。再以色调为索引，有利于增强消费者对围巾的辨识度。

该款围巾采用蓝白花纹相间的图案设计而成，在脖间简单地缠绕一圈的造型设计，并在尾部搭配流苏做装饰设计，整体造型优雅、古典气息十足。

该款围巾采用羊毛材质制作而成，质地细腻绵密。将围巾围上好几圈的做法，比较适合于搭配短款的休闲夹克服装，可以获得拉长身材比例的效果。

配色方案

双色配色	三色配色	五色配色

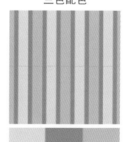

佳作欣赏

6.2.5 首饰

设计理念：这是一款项链的设计。项链以不同颜色、不同大小的绿松石和紫色钻石搭配而成，加上独特的造型设计，整体造型极具复古、典雅的视觉美。

色彩点评：项链以青蓝色为主色，以黑色、深紫色和绿灰色做点缀，给人一种轻灵的古典之感。

🔵 别出心裁的项链造型，极具个性的美感。

🔵 向下垂坠的造型，适合穿着抹胸服装时佩戴，能够使整体造型更显精致、优雅。

- RGB=7,19,31 CMYK=95,89,73,64
- RGB=38,106,140 CMYK=85,56,36,0
- RGB=221,229,208 CMYK=17,7,22,0
- RGB=166,173,143 CMYK=42,27,47,0

该款手链采用较宽的造型设计而成，适合手脖较宽的女性佩戴，在手链上方点缀对称的花纹设计，极具独特的美感。

- RGB=49,48,46 CMYK=79,74,74,48
- RGB=255,255,255 CMYK=0,0,0,0

这是一款耳坠的设计。该耳饰采用钻石做主要材质，大面积的白色钻石搭配一颗较大的蓝色钻石，极具奢华、醒目之感。

- RGB=0,123,195 CMYK=84,74,6,0
- RGB=255,255,255 CMYK=0,0,0,0
- RGB=218,218,218 CMYK=17,13,12,0

首饰设计技巧——传承浪漫与美好

　　首饰作为佩戴于头部、颈部或手上的饰品可以用来装点衣物，也可以用来体现社会地位、显示财富等。而完美的首饰设计作品，不仅限用于衣着搭配，它还代表着精益求精的创作思维。完美的首饰设计技巧就是要传承浪漫与美好，从而使首饰绽放出神秘悠远的耀眼光芒。

　　这是一款珍珠项链的设计。项链以五层珠链相结合，并在两边相连处采用一颗钻石做装饰，整体造型极具奢华、古典的美感。

　　这是一款钻石戒指设计。戒指中间是一颗绿色的菱形大钻石，在其四周围绕白色的钻石做点缀，整体造型闪烁着耀眼的光芒。

配色方案

双色配色

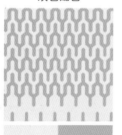

三色配色

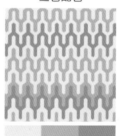

五色配色

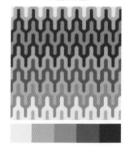

佳作欣赏

第 7 章
服装与服饰的配色设计秘籍

　　服装与服饰的设计和色彩之间是相互依存的关系，而且服装色彩是整体服装造型中较为重要的组成部分。通常，服装与服饰的色彩可以改变服装与服饰的整体风格。

　　服装与服饰的配色应遵循和谐与对比的差异原则，只要服装与服饰的色彩搭配得当，就可营造出端庄优雅的视觉效果。本章就来讲解一些服装与服饰的配色技巧。

7.1 配色，从选定主色调开始

在服装与服饰的配色设计中，首先应选择以一个颜色为主色。然后根据这个颜色来选择其他点缀色，虽然可使用同色系的颜色，但是不宜过多。

该款服装适合女性在日常休闲和上班时穿着。

- 服装采用印花衬衫搭配亮面皮质一步裙，加上一款与裙子同色的高跟鞋，整体造型极具时尚、活力的气息。
- 整套服装以粉色为主色，加以小面积的白色、蓝色和绿色做点缀，亮眼的配色方式，突显出穿着者朝气蓬勃的精神面貌。

这是一款典雅的耳坠设计。

- 该款耳坠以对称的廓形设计而成，采用18K金做底，在其上方镶嵌着不同图案的欧铂和圆形蓝钻，整体造型极具奢华、典雅的视觉效果。
- 耳坠采用青绿色为主色，加以蓝色和金色做点缀，充分展现出独具韵味的耳坠造型。

该款服装适合女性在秋冬季节时穿着。

- 该套服装的上身为黑白植物印花的卫衣搭配两色拼接的长款外套，下身为休闲裤搭配黄色高跟鞋，整体造型率性、时尚感十足。
- 整套服饰采用蓝色为主色，加以黄色做点缀，互补色的配色方式，极具醒目之感。
- 黄色的鞋子与黄色上衣之间相互呼应，极具和谐的美感。

7.2 整体服饰搭配建议少于三种

在服装与服饰的配色设计中，要注意全身服饰的色彩，在此建议应少于三种，因为过多的色彩搭配会产生凌乱感，不利于展现自身优势。而少量的配色，会更容易突显自身的优点获得关注。注意：黑白金银不算入其中。

该款服饰适合女性出席宴会时着装。

- 该服装款式定义为长款礼服。礼服采用丝绸材质做面料，给人以柔顺、丝滑的美感。
- 礼服采用火鹤红色为主色，在服装的一侧以山茶红色的缎面相拼接，整体造型极具层次的美感。

这是一款耳环的创意设计。

- 该款耳环采用展翅的蝴蝶做廓形设计，以铂金和黄金材质做翅膀造型并在其上方镶嵌白色钻石，精致、奢华感十足。
- 采用梨形和圆形切割的橙黄色和黄绿色的宝石做蝴蝶身体造型，极具亮眼、炫目之感。

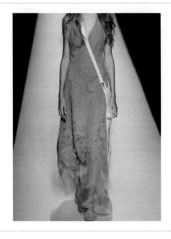

该款服饰适合女性在夏季着装。

- 该服装款式定义为蓝色吊带长裙。长裙以牛仔材质拼接薄纱材质设计而成，不同材质和谐搭配共同营造出独特的魅力。
- 在裙摆处设计镂空花朵向下延伸，在薄纱的衬托下，小露性感。
- 白色的斜背包与编织的平底鞋相呼应，为整体造型增添了一丝休闲自然之感。

7.3 紧追流行色，做时尚明星

　　每一年流行色协会都会公布一些带有标志性的年度代表色彩作为当年的流行色，而流行色对于服装与服饰的设计甚至整个时尚行业都有着巨大的影响，且色彩也是服装与服饰中不可缺少的元素。

　　该款服饰适合女性在春秋季节穿着。

- 以红色为主色调，鲜活而又热情的色彩与炫酷的黑色相搭配，经典的红黑色调冷热搭配，醒目帅气。
- 连体西装造型简约而又干练，将腰带设置在腰部以上，提升了腿部线条，尽显腿部的修长细致。
- 亮面的皮质材料衬托出洒脱性感的风格。

　　这是一款优雅知性风格的服装与服饰搭配。

- 浅驼色复古大气、淡然优雅，极具质感，与紫色调的手提包相互衬托，暖色调的配色方案给人一种温暖、轻柔的视觉感受。
- 将欧根纱作为服装的主要材质，半透明的轻纱材质温婉知性，如沐春风。
- 柔软的欧根纱材质形成了轻轻的褶皱感，打造出慵懒舒适的搭配效果。

　　这是一款夏季清凉风格的服装服饰搭配设计。

- 苔藓绿是一种对肤色要求较低的色彩，映衬肤色、衬托气质且容易被驾驭，百搭不抢风头。
- 高跟鞋以线条为主要的设计元素，脚踝处绑带设计更显纤细与性感。
- 黑白色调的波点长裙性感中不失可爱俏皮。

7.4 巧用撞色，吸引众人目光

撞色是指对比色的搭配方案，包括强烈色配合或者补色配合。在服装与服饰搭配中，撞色的配色方案能够彰显出活力与自信。

该款服饰适合逛街、日常穿着。

- 上衣主色为鲜艳的香蕉黄色，裤子为普鲁士蓝色，两种颜色搭配在一起产生了鲜明的对比。
- 长袖T恤搭配牛仔裤，是日常的穿着方式，搭配一双银色高跟鞋突显出不一样的自我。

这是一款清爽时尚且带有些许复古风格的服饰搭配设计。

- 该款服饰设计采用橙黄色和普鲁士蓝色的搭配方案，并在鞋子上配以鲜活的红色波点为点缀，撞色搭配形成了十足的视觉冲击力。
- 牛仔材料的上衣在边缘处以边穗进行装饰，使其略带俏皮。
- 丝绸材质的半身长裙轻薄丝滑，仙气十足。

这是一款街头风格的服饰搭配设计。

- 碧绿色的上衣与威尼斯红色的鞋子相搭配，通过撞色的配色方案形成强烈视觉冲击力。配以黑色宽松的裤子对鲜活的色彩稍加沉淀。
- 上衣简约大气的版型与简洁流畅的线条，打造出直率、炫酷的造型风格。
- 马蹄高跟鞋时尚稳固，材质与上衣形成呼应。

7.5 降低色彩饱和度，让气质焕然一新

饱和度是指色彩的鲜艳程度。在服装与服饰的配色设计中，适当降低色彩的饱和度，更容易彰显出整体的品质与气质。

这是一款充满设计感与层次感的服饰设计。

- 整体采用低饱和度的配色方案，低调、沉稳、内敛的渐变色彩，柔和不失优雅，且为服装赋予了一丝梦幻的视觉效果。
- 在服装的前侧添加了编织绳，相互交错叠加的装饰元素使服饰更具层次感与设计感。

这是一款儿童背包设计。

- 整体采用低饱和度的山茶红作为主色调，温和柔顺的色彩更符合女孩子的审美观点。
- 通过简单的线条与色彩的对比搭配，呈现出小狐狸的图像，简约可爱，辨识度高。
- 在书包的最上方和最底部，增强色彩饱和度，使背包样式更具层次感。

这是一款休闲运动风格的服饰搭配设计。

- 整体造型采用低饱和度的浅粉红色与淡绿色，打造出清新而又温和的服饰搭配设计。
- 黑白色搭配的长筒袜子与运动鞋相搭配，使服装造型更加偏向于运动风格。

7.6 让鲜艳的颜色主宰冬季高级感

　　鲜艳的色彩在服装与服饰搭配中更容易吸引受众的注意力。但也因其极高的可见度，在色彩搭配的选择上很容易造成视觉审美疲劳，所以鲜艳的色彩在服装与服饰设计的过程中要更加合理慎重地应用。

　　这是一款秋冬款式的服饰搭配设计。

● 色彩鲜艳的洋红色成为整体搭配的点睛之笔。并用冷淡中性色，将艳丽的色彩进行中和，使整个服饰搭配更加协调。
● 整体设计采用小面积"提色点睛"法，鲜艳的色彩点到为止。

　　这是一款春夏季节的服饰搭配设计。

● 服装以白色为底色，鲜活艳丽的橙色作为主色调，鲜艳且稍有花哨的服装遵循色彩呼应法则，使服饰搭配更具整体感。
● 以"活力森系"为设计主题，通过脚下的装饰元素与主题相呼应，仿佛把我们带进了一个树屋与木筏触手可及的世界。

　　该款服装适合女性在日常休闲和上班时穿着。

● 鲜亮高调的黄色虽只占据整体服饰的一小部分，却通过鲜明的色调对比使其瞬间成为视觉中心。搭配橙色调手包，同类色的配色方案形成呼应之势。
● 基础款式的牛仔裤时尚百搭。冷色调的普鲁士蓝中和了过于鲜亮的色彩。

7.7 显白，这几种颜色让你白成一道光

"显白"是我们日常选择服装的重要参考标准，俗话说"一白遮百丑"，可见服装配色显白的重要性。

整套服饰适合女性出席宴会时着装。

● 长裙以铬绿色为主色调，清新不失稳重的色彩优雅高贵，更能突显模特气质与皮肤的白净。
● 低饱和度的红色耳坠与服装在色彩和面积上形成反差，精致的装饰元素使整体效果更富有设计感。
● 纯白色的高跟鞋和打底袜相搭配，对铬绿色起到了很好的衬托作用。

这是一款夏季运动风格的女装设计。

● 以威尼斯红为主色调，使整体服装热情且充满活力。高饱和度的红色调色彩鲜亮纯粹，更显肤色白皙。
● 为了避免太过扎眼，以纯净、高明度的白色与其相搭配，经典的红白配色方案，突显出活力感与阳光感。

这是一款男士海军系列的春秋款服饰搭配。

● 服装搭配整体以水青色为主色调，清爽自然的同色系配色方案传出高级感，同时也衬得皮肤更加干净、白皙。
● 以黑白作为点缀色，用于沉淀、中和鲜亮的色彩基调。

每个节日都会有特定的色彩，而为了与节日氛围相呼应，在服装与服饰的选择搭配上，也会通过色彩的搭配与结合营造出不同的色彩效果与情感。

这是一款适合喜庆节日的穿搭服装服饰设计。

- 鲜艳的红色热情奔放，是喜庆节日的代表性颜色。
- 服装款式简洁、干练不失性感，与黑色的搭配呈现出一种成熟优雅的气质。
- 褶皱的裙尾为整体增添了些许活泼与俏皮。

整套服装服饰适合女性在参加聚会时着装。

- 绿色调的连体衣裤线条流畅、简约大气，营造出清新且富有朝气的气质。
- 深卡其色的背包和鞋子与发色相呼应，将青翠的色彩进行沉淀，为整体搭配增添了一丝稳重与平和。

该套服饰适合女士在参加 Party 时穿着。

- 黑色背心，采用深 U 领设计，性感十足。
- 亮黄色阔腿裤，松松垮垮，给人一种轻松休闲的感觉。
- 两种元素的结合，性感、显瘦又时髦。

7.9 夏季，穿对衣服让你清凉一夏

夏季的服装与服饰主要是以清凉为设计理念，通过清新凉爽的色彩搭配和轻薄透气的服饰材质，打造出舒适、清凉的整体造型。

这是一款适合女性日常穿着的套装设计。

- 蓝色是最能象征清爽、清凉的色彩之一。
- 连体衣裤采用清爽的蓝色调，大面积的纯色色彩协调统一，使人眼前一亮。
- 将腰带设置在腰线以上，与加长的裤脚相搭配，显得腿部线条更加修长。

该款服饰适合女性出席宴会时着装。

- 将连体长裙设置为白色，纯净优雅的色彩更衬托出皮肤的白皙，与半透明纱质材料相结合，打造出清爽、高雅的气质。
- 肩带与裙身采用相同的材质，上下形成呼应，薄纱材质简约、优雅且仙气十足。

这是一款适合出席宴会或正规场合的着装设计。

- 乳白色的半透明纱质裙体搭配绿色丝绸的飘带，仙气十足，整个造型优雅清爽。
- 胸前的褶皱与裙体的褶皱效果使服装看上去更具层次感。
- 银色高跟鞋文雅有气质，与服装形成呼应。

在服装与服饰搭配的过程中，可以采用同色系的配色方案，"静中求变"的设计理念使服装与服饰的整体效果看上去更加和谐统一。

该款服装适合女性在日常休闲和上班时穿着。

- 服装整体采用橙色调的配色方案，同色系低饱和度淡雅的色彩由浅至深，打造出优雅且富有层次感的整体效果。
- 宽松的上衣搭配皮质材料的百褶裙，优雅休闲。

该款服饰适合女士日常出行穿着。

- 服装服饰搭配通过淡淡的黄色调打造出知性、优雅的装饰效果。
- 过膝大衣搭配高跟鞋，露出脚踝，为整体造型增添了一丝性感。
- 通勤风格的单肩背包工整精致，与较为宽松的服饰非常和谐。

这是一款适合女性日常出行的着装设计。

- 以牛仔为主要的材料，背带裤与半截袖采用蓝色调的配色方案，内浅外深，增强了搭配效果的层次感。
- 运动风格的小白鞋搭配深灰色调的长款堆袜，时尚、前卫。

7.11 简约黑白色，美出新高度

　　黑色沉稳大气，更容易突显穿着者的气质和身材，白色纯洁优雅，更衬肤色。经典的黑白配色总能在无形之中营造出独特的视觉魅力。

该款服装适合女性在秋冬季节时穿着。

- 服装采用经典的黑白配色方案，色块的组成毫无规律可循，通过无彩色系打造出丰富且充满活力的服装效果
- 皮革材质的应用更显气质与个性。

该款服装适合女性在春夏季节时穿着。

- 服装整体采用黑白配色方案，简约的色彩搭配方式尽显大气、优雅。
- 整套服装均采用丝绸材质，将面料丝滑柔顺的材质属性与简约时尚的配色方案相结合，使整套服装更加抢眼。

整套服饰适合女性出席宴会时着装。

- 服装采用黑色到白色再到黑色的渐变色彩进行装饰，过渡自然的渐变效果打造出知性、优雅的服饰风格。
- 细边腰带在对服装进行装饰的同时也不至于太过抢眼，精致的装饰元素更容易烘托出主题风格。
- 雪纺材料轻薄透气，让整体造型飘逸时尚。